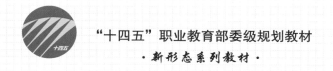

"十四五"职业教育部委级规划教材

·新形态系列教材·

牛仔服装缝制工艺实训教程

成衣篇

廖晓红　喻意梅◎主　编

唐　丹　陈　圳◎副主编

U0216872

中国纺织出版社有限公司

内 容 提 要

本书结合牛仔服装企业生产中常见的牛仔裙、牛仔裤、牛仔衣等对牛仔服装缝制工艺进行全面系统地讲解，每个知识点以任务的形式呈现，紧密贴合企业生产实际，加强实践性教学内容，满足院校对技能型人才的培养需求。针对教材的重点、难点录制了与任务配套的制作视频 19 个，直观易懂，可操作性、实用性强，便于读者理解和自学。

本书可作为职业院校服装设计与工艺专业学生的教材，也可供服装企业的技术人员、服装设计师、相关从业人员以及成人教育、服装培训学校短期培训使用。

图书在版编目（CIP）数据

牛仔服装缝制工艺实训教程. 成衣篇 / 廖晓红，喻意梅主编；唐丹，陈圳副主编. -- 北京：中国纺织出版社有限公司，2022.12

"十四五"职业教育部委级规划教材. 新形态系列教材

ISBN 978-7-5180-9799-9

Ⅰ. ①牛… Ⅱ. ①廖… ②喻… ③唐… ④陈… Ⅲ. ①牛仔服装－服装缝制－职业教育－教材 Ⅳ. ①TS941. 714

中国版本图书馆 CIP 数据核字（2022）第 157627 号

责任编辑：孔会云　陈怡晓　　责任校对：寇晨晨
责任印制：王艳丽

中国纺织出版社有限公司出版发行
地址：北京市朝阳区百子湾东里 A407 号楼　邮政编码：100124
销售电话：010—67004422　传真：010—87155801
http://www.c-textilep.com
中国纺织出版社天猫旗舰店
官方微博 http://weibo.com/2119887771
北京通天印刷有限责任公司印刷　各地新华书店经销
2022 年 12 月第 1 版第 1 次印刷
开本：787×1092　1/16　印张：12.25
字数：205 千字　定价：56.00 元

凡购本书，如有缺页、倒页、脱页，由本社图书营销中心调换

前 言

　　本教材是"十四五"职业教育部委级规划教材中的一种，依据《中等职业学校服装设计与工艺专业教学标准》，结合服装行业标准、广东省佛山市顺德区国家教育体制改革成果试点丛书"现代职业教育改革新起点：顺德区中等职业教育专业标准体系建设调研报告/职业能力分析"、《服装设计与工艺专业教学标准（牛仔服装方向）》以及我国四大牛仔服装生产基地的生产企业对牛仔服装缝制工艺工作岗位的要求进行编写。

　　当前，我国职业教育正处在改革与快速发展时期，职业教育教材发挥着巨大作用。随着我国经济建设的加快，社会对技能型人才的需求量越来越大。当前我国职业院校中开设以牛仔服装特色专业为主的学校较少，因此牛仔服装方面的教材比较缺乏，且涉及牛仔服装的专业书籍与企业生产紧密联系的内容较少，专门讲解牛仔服装CAD的书籍则更少，在教学中很难找到与企业工作岗位精准对接的牛仔服装特色教材。鉴于此，本教材的作者团队依托佛山市顺德区"廖晓红教师工作室"，与企业技术人员共同编写牛仔服装专业课程体系改革成果丛书，将牛仔服装企业的生产技术及经验融入教材和实训教学中，便于学生掌握与理解，使学生可以"零距离"了解企业各生产环节，真正实现"跟上时代步伐""提高实际操作能力"，同时提高学生的就业竞争力，促使职业院校结合地方特色经济，培养真正满足当地企业需求的服装专业特色人才，适应未来的发展趋势。

　　牛仔服装缝制工艺是将牛仔服装设计转变为产品的关键环节。本教材共4个项目12个任务，包括牛仔服装缝制工艺基础知识、牛仔裙缝制工艺、牛仔裤缝制工艺、牛仔衣缝制工艺。教材中讲解的缝制工艺科学实用，易于学习与掌握，教学内容由浅入深，图文并茂、直观易懂，便于读者理解和自学。本教材实现了以下7个创新。

　　（1）教材侧重牛仔服装制作工艺方向，根据牛仔服装企业涵盖的岗位群进行任务和职业能力分析，将企业实际工作内容融入教材。结合牛仔服装企业生产中常见的牛仔裙、牛仔裤、牛仔衣进行全面系统地讲解，每个知识点都以任务的形式呈现，紧密贴合企业生产实际，理论与实践相结合，推进校企一体化协同育人，使教学内容与企业生产无缝对接，满足了企业对技能型人才的需求。

　　（2）本书通过对企业实际生产案例进行分析，解决牛仔服装生产工艺中常见问题。每

1

个任务选取有代表性的经典牛仔服装款式，采用企业的新设备、新技术、新工艺，紧跟牛仔服装行业发展趋势，体现教材的规范性、时尚感和实用性，除采用经典款式外，还增加了拓展知识，使教材内容更丰富。教师可以根据行业发展增加新的教学内容，启发学生深入思考，培养学生的创新思维。

（3）教材的内容设计以学生为中心，融入思政元素，教师在教学过程中融入职业道德、工匠精神和劳模精神，将思政与专业教学有机结合，完成"知识、能力和育人"三位一体的教学目标。

（4）编写过程中，组织"工匠＋专业教师"一体化教材开发团队，由职业院校骨干教师和企业的专业技术人员、企业工匠、企业劳模共同编写，由企业提供实际生产的工艺单，增强教材的实用性。教材编写思路清晰，编写体系新颖，企业实际案例丰富，可与企业需求无缝精准对接。

（5）通过对牛仔服装企业工作岗位的职业能力进行调研分析，以企业各工作岗位的典型工作任务和工作过程为导向，以职业能力为本位，以"模块＋项目＋任务"的形式组织教学内容，以思维导图呈现任务脉络，突出任务引领和产品导学的特点，有助于学生直观了解并掌握项目的知识脉络和学习目标。

（6）教材以企业订单为契机，以牛仔服装企业工作任务单为主线，每个任务的内容与《牛仔服装结构制图》的任务内容相互对应，学习者制作的款式样板在教材中可一一呈现，解决了以往教材中结构和工艺不关联、脱节的问题，改变了之前服装制作工艺和服装结构设计"分家"的局面，让工艺设计教师授课更轻松、更高效。通过工艺设计缝制的产品可以让学生更好地验证牛仔服装结构设计的合理性、科学性，两者相互联系、相互制约。

（7）教材中配以精心拍摄的缝制工艺操作步骤图以及与任务中重点、难点配套的视频19个，且在每个任务的重点、难点处着重讲解，并配有制作工艺温馨提示。突出职业教育特色，图文并茂、清晰明了、直观易懂，教材内容源于企业，高于企业。学生扫描书中相应位置的二维码即可观看相应操作视频，可以有效支撑院校开展线上线下教学，帮助学生提高自学效果。视频能帮助教师实现翻转课堂的教学模式，帮助学生更好地进行课前预习和课后复习。

教材的模块一中项目一任务一由喻意梅编写，模块一中项目一任务二、任务三由陈圳、谢佳音编写；模块二中项目二由喻意梅编写，模块二中项目三由唐丹编写，模块二中项目四由廖晓红编写；全书的拓展知识由喻意梅、廖晓红、刘晓、廖福生、陈卓梅负责，微课视频由廖晓红、喻意梅、唐丹、陈圳、邓联相、吴绍瑾、覃家裕、王吉儒、尚晶、谢佳音、温然然、陈卓梅等负责，全书由廖晓红统稿、审稿。

本教材在编写过程中，为了实现产教融合、校企联动、精准对接、协同育人的目标，在人才培养培训、技术创新、就业创业、社会服务、文化传承等方面开展深度校企合作，广东产品质量监督检验研究院高级工程师陈卓梅，佛山市顺德区纺织服装协会、佛山市顺德区力高制衣有限公司总经理王德生，佛山市智域服装设计有限公司设计总监兼总经理李贵州，广东瑞亨科技有限公司设计总监周艳，佛山市顺德区昊田服装公司总经理戴福兴，佛山市顺德区康加达服饰有限公司总经理龙成飞等对教材的编写提供了技术支持和指导。教材中的企业设计制单、工艺生产单、服装款式图、服装面辅料、设备、服装样板开发流程、技术参数、样衣、生产案例等由以上人员及其单位提供，同时本教材在编写过程中得到了广东职业技术学院服装系主任王家馨，中山沙溪服装学院院长刘周海、杨珊，广州市工贸技师学院高级讲师、广州市首批技工院校带头人李填等的大力支持和帮助，在此表示衷心的感谢。感谢中国纺织出版社有限公司孔会云女士给本教材提出宝贵意见和建议。

由于编者水平有限，教材中难免有不足之处，恳请同行给予批评指正。读者反馈邮箱：1585180614@qq.com。

本课程建议110学时，教学时间安排可参考以下学时分配建议表。

学时分配建议表

模块	教学内容		合计	讲授	实训
模块一 牛仔服装缝制工艺基础模块	项目一 牛仔服装缝制工艺基础知识	任务一　牛仔服装基础知识	2	2	0
		任务二　牛仔服装缝制工艺常用设备与工具	2	1	1
		任务三　牛仔服装常见缝型与熨烫工艺	2	1	1
模块二 牛仔服装缝制工艺实践模块	项目二 牛仔裙缝制工艺	任务一　牛仔A字裙缝制工艺	10	2	8
		任务二　牛仔背带裙缝制工艺	14	3	11
		任务三　牛仔连衣裙缝制工艺	10	2	8
	项目三 牛仔裤缝制工艺	任务一　牛仔短裤缝制工艺	10	2	8
		任务二　男式直筒牛仔裤缝制工艺	10	2	8
		任务三　女式牛仔裤缝制工艺	8	1	7
	项目四 牛仔衣缝制工艺	任务一　牛仔女衬衫缝制工艺	14	3	11
		任务二　牛仔马甲缝制工艺	12	3	9
		任务三　男式牛仔上衣缝制工艺	16	3	13
总计			110	25	85

廖晓红

2022年4月

目　录

模块一

牛仔服装缝制工艺基础模块

项目一

牛仔服装缝制工艺基础知识

◎ 项目概述

　　牛仔服装起源于西方，第一件牛仔服诞生于19世纪中叶，直到19世纪90年代才在美国大批量投入生产。自那以后，牛仔服装开始风靡全世界。如今，牛仔布在服装界有着不可替代的魅力，牛仔服装也受到全世界消费者的青睐。

◎ 思维导图

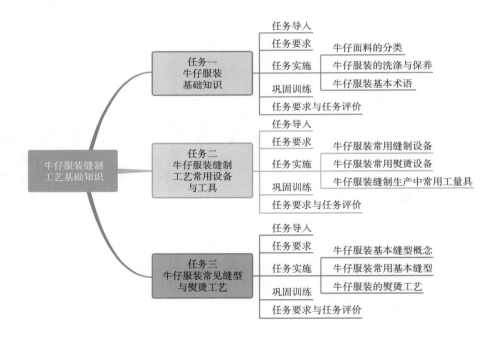

◎ 学习目标

素养目标

1. 通过工艺基础知识的训练，培养学生的专注力。
2. 通过工艺基础知识的训练，养成良好的行为习惯，提高职业素养。
3. 通过实践训练，培养学生独立思考、认真观察及自主解决问题的能力，养成良好的学习习惯。

知识目标

1. 了解牛仔服装基本术语及牛仔面料的分类知识。

2. 了解牛仔服装生产缝制工艺常用的设备与工具。

3. 了解如何安全规范地操作机器设备，熟记操作规程，掌握设备日常保养、清洁和安全操作的方法。

4. 了解牛仔服装加工生产工艺与其他服装的异同。

技能目标

1. 掌握牛仔服装缝制工艺基础知识，学会辨认牛仔面料的种类。

2. 了解原牛仔服装和洗水牛仔服装的区别，掌握两种牛仔服装的洗涤和保养方法与技巧，体验原牛仔的落色过程。

3. 学会使用缝制设备和熨烫设备，掌握基础设备的安全操作与保养，并能正确进行工具的收纳和摆放。

4. 学会分辨各种牛仔面料的所属类型及特征，了解牛仔面料的缩水率。

5. 掌握牛仔服装常见工艺缝型与基础熨烫知识，提高学生的实践动手能力。

任务一　　牛仔服装基础知识

◎ 任务导入

牛仔服装原为美国人在开发西部进行淘金时所穿的一种用厚帆布制作的上衣和裤子。从19世纪至今，牛仔服装经历了百年风雨的洗礼，无论时尚潮流如何流转轮回，牛仔服装却经久不衰。牛仔服装也由最初的牛仔裤发展到现在的牛仔夹克、牛仔裙、牛仔衬衣、牛仔童装等。

牛仔面料很特别，采用不同的洗水方法，面料的颜色可千变万化，效果风格迥异（图1-1-1、图1-1-2）。牛仔服装比较有个性，它既满足了现代人崇尚自由的心理需求，也迎合了现代人的审美意识，在服装界有不可替代的魅力。牛仔服装是一种跨越年龄、性别、地域、文化的全球性服装，正因为它的通用性，成为受国内外消费者所青睐的时装之一。

◎ 任务要求

1. 掌握牛仔面料的分类。

2. 掌握原牛仔服装和洗水牛仔服装的区别，掌握两种牛仔服装的洗涤保养方法与技巧。

3. 掌握牛仔服装基本术语。

图1-1-1　牛仔面料

图1-1-2　牛仔布毛边效果

◎ 任务实施

　　牛仔面料（布）用的纤维一般包括天然纤维、再生纤维、合成纤维等。牛仔布又称靛蓝劳动布，是一种色织面料，经纱一般采用靛蓝色的纱，纬纱一般为浅灰或煮练后的本白纱。牛仔服装用的牛仔面料厚薄不同、成分不同、织造方式不同，相对应的缝制方法、弹力、缩水也不同。

（一）牛仔面料的分类

1．根据牛仔面料的厚度分类

　　牛仔面料厚度有4.5安、6安、8安、10安、11安、12安、13.5安、14.5安等，数字越小，面料越薄；数字越大，面料越厚。

　　4.5安的牛仔面料非常薄，一般用作夏季短袖、裙子等（图1-1-3）；14.5安的牛仔面料非常厚，一般用作冬季的牛仔棉衣、牛仔裤。日常穿的牛仔裤大部分在8～12安（图1-1-4）。

图1-1-3　4.5安牛仔面料半身裙

图1-1-4　14.5安牛仔外套

2. 根据牛仔面料的织纹分类

根据织纹，牛仔面料有平纹布、斜纹布、人字纹布、交织纹布、提花布以及植绒布等。如图1-1-5 ~ 图1-1-10所示。

图1-1-5　平纹布

图1-1-6　斜纹布

图1-1-7　人字纹布

图1-1-8　提花布

图1-1-9　竹节纹布

图1-1-10　植绒布

3. 根据牛仔面料的成分分类

根据牛仔面料的成分可分为精梳和普梳、100%全棉、含弹力（莱卡）、棉麻混纺的、天丝等，如图1-1-11所示。

（二）牛仔服装的洗涤与保养

牛仔服装分为原浆牛仔服装（图1-1-12）和水洗牛仔服装（图1-1-13）。

原浆牛仔服装是原色未脱浆、洗水的牛仔服，因为

图1-1-11　天丝牛仔面料轻薄、柔软、悬垂性好

牛仔布在织造的过程中，为了加强布料的张力和更好的剪裁，表面会挂一层浆。

水洗牛仔服装是刚买回来的时候已经过脱浆、防缩、固色处理过的牛仔服装，像穿过似的，在裤子大腿两侧有些褪色猫须的痕迹，在膝盖部位有块蜂窝状的褪色痕迹等做旧处理。

1. 原浆牛仔服装的穿着与保养

原浆牛仔服装（简称原牛）因穿着者的生活习惯、穿着方式、日常活动会留下独一无二的印记，如猫须、蜂窝、龙卷风、火车轨等纹理，形成不同的色落效果。它的每一条折痕与磨损都是穿着者独一无二的生活记录，因此，它的穿着与保养被称为"养牛"，在"养牛"过程中，穿着者要注意以下事项。

图1-1-12　原浆牛仔服装　　　　　图1-1-13　洗水牛仔服装

（1）脱浆。很多原浆牛仔服装爱好者买原浆牛仔服装回家后先脱浆。将原浆牛仔裤翻到反面，浸泡在一盆放有2～3勺盐，温度30℃的水中，浸泡30min后用清水反复清洗，然后将牛仔裤翻至正面，清水浸泡1h后取出反复清洗，再沥干多余水分（切忌拧干或甩干）最后放置在阴凉处风干。

（2）穿着与保养。为了确保美妙的色落，"养"出属于自己的风格的牛仔裤，很多原牛玩家穿着原浆牛仔裤至少6个月后才进行清洗。因为对于原浆牛仔裤来说，牛仔裤首次穿着时间越长，个性的程度就越高，越容易形成贴体的特殊纹理和靛蓝渐变的色落效果。但是太久没洗牛仔裤，穿着者就像一个行走的"细菌培养基地"，因此，在牛仔裤的折痕已经完全定型后就可以经常清洗，如图1-1-14、图1-1-15所示。

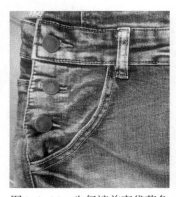

图1-1-14　牛仔裤前弯袋落色　　　　　图1-1-15　后贴袋落色

（3）清洗。原浆牛仔服装不能机洗，因为机洗会更容易掉色，也会导致好不容易形成的纹理消失或减淡，同时也会导致牛仔裤变形，穿起来就不会有贴身的舒适和漂亮的腿型了。因此，原浆牛仔服装一定要采用温和的手洗，因为手洗可以控制水温和力度。

清洗前要将牛仔服装反面翻出来（防止磨损和减少掉色），所有纽扣要扣好。在一盆水里加入不含漂白剂或荧光剂的洗涤剂，浸泡30～60min，浸泡过程中时不时搅拌一下，然后用清水冲洗干净。洗涤完毕后不能扭干或者甩干，要直接将衣服抚平整，防止变形，然后保持反面在外，放在阴凉处晾干，防止阳光直接照射导致牛仔服褪色变硬。

2. 洗水牛仔服装的穿着与保养

（1）第一次清洗。虽然洗水牛仔服装经过洗水处理，但是在穿着过程中依然会出现褪色现象。因此，清洗时深色服装要与浅色服装分开，混在一起会互染颜色。洗水牛仔服装第一次下水前先用1∶20的白醋+水或者用盐水浸泡20～30min，可以保持原色。

（2）日常清洗。清洗牛仔服装时，将服装翻到反面洗涤（图1-1-16），采用不含漂白剂的洗衣粉或洗衣液，漂白剂会导致牛仔服装严重褪色。洗涤方式不能采用损伤较大的机洗，要采用能控制力度和温度的轻柔洗，切忌搓擦或用刷子刷。清洗完毕后，要在将牛仔服装展开、抚平，在阴凉通风处晾干，避免阳光直接暴晒（图1-1-17）。因为阳光直接暴晒会造成严重的氧化褪色现象。

图1-1-16　翻至反面洗

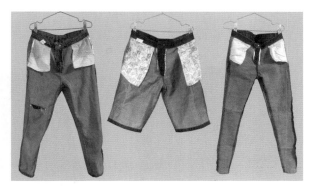
图1-1-17　晾晒

（3）存储。牛仔服装会褪色，因此保管时尽量和其他衣物分开存放。存储前要拉好拉链，扣好纽扣，最好用专用衣架夹住腰头或脚口将裤子直直地挂起来，或者用S型挂钩，从后中的耳仔中穿过吊起来（图1-1-18）。如果要折叠存放，则要对折，抚平，然后小心地卷起来存放（图1-1-19）。

图1-1-18　悬挂保存

图1-1-19　折叠保存

（三）牛仔服装基本术语

（1）号型。根据人体身高、围度及体型编制的服装规格代号，称为号型，选购服装时根据号型来选择适合自己体型的服装。

（2）型号。型号表示某牛仔服装款式的号码。生产厂家不同，某一型号所代表的款式号码也各不相同。

（3）织边。即缝份拷边，指将牛仔裤的裤边翻卷过来时露出的料子接缝处的缝线，古典牛仔裤的织边采用红线、白线或者蓝线缝接。

（4）翻边。将牛仔长裤的脚口翻卷过来穿着，称翻边。一般贴体的直筒牛仔裤或紧身牛仔裤会翻卷过来穿（图1-1-20）。

（5）饰钉。企业称为撞钉，指牛仔裤上使用的圆形铆钉，一般用于前弯袋袋口及表袋袋口（图1-1-21）。

（6）红垂片。在臀部后贴袋上缝钉带有公司标记的小红色布片。

（7）顶部纽扣。牛仔裤里襟裤腰头上装的纽扣，起到连接并固定腰头的作用（图1-1-21）。

（8）前部纽扣。早期的牛仔裤的门襟处不是装拉链，而是打3~4粒纽扣，这几粒装在里襟上的纽扣称为前部纽扣（图1-1-21）。

图1-1-20　翻边

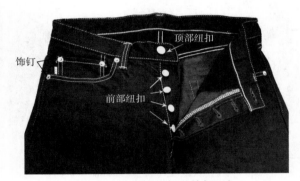

图1-1-21　顶部纽扣和前部纽扣

（9）后腰缝饰。俗称皮牌，指牛仔裤腰头右侧所附的印有生产厂家标记的缝饰。上面一般会印品牌标志，许多品牌也会通过皮牌来辨别真伪。

（10）前幅。指前裙片、前裤片或者前衣片。

（11）后幅。指后裙片、后裤片或者后衣片。

（12）机头。指后裤片腰头以下的拼接部位，书面语叫后育克。该裁片的存在能将臀腰的差量分解到拼接部位，使后裤片更加美观、贴体。

（13）前弯袋。又称月儿弯袋或月亮袋，是牛仔裤前裤片左右两边袋口为弧形的挖袋。

（14）耳仔。即裆带，指裤腰上或裙子上系皮带的小环，又称裤鼻、裤耳、串带裆、马王带、带裆，用来固定腰带。

◎ **巩固训练**

1. 在当地的面料市场找出一些牛仔面料，标出其厚度、织纹、成分等，做一个牛仔面料卡。

2．说说原浆牛仔服装和洗水牛仔服装的区别。

3．请找到合适的牛仔裤图片或画一条牛仔裤并标出相关的牛仔服装术语。

◎ 任务要求与任务评价（表1-1-1）

表1-1-1　牛仔服装基础知识任务评价表

序号	内容	标准与分值	自评	互评	师评	企业或客户评价	备注
1	牛仔面料的分类	准确分辨牛仔面料的厚度、织纹、成分等（25分）					
2	原浆牛仔服装及其穿着养护	了解原浆牛仔服装的特性，掌握原浆牛仔服装的洗涤与保养方法及技巧（30分）					
3	洗水牛仔服装及其穿着养护	了解洗水牛仔服装的特性，掌握洗水牛仔服装的洗涤与保养方法及技巧（25分）					
4	牛仔服装基本术语	掌握牛仔服装各部位的术语及特点（20分）					
合计							

任务二　牛仔服装缝制工艺常用设备与工具

◎ 任务导入

服装实训室有一批缝制和熨烫设备，现在需要对这些设备进行日常保养，使用时应掌握各种设备的安全操作规程，共同营造良好的实训环境。

◎ 任务要求

1．了解牛仔服装缝制工艺常用设备与工量具，掌握基础设备的安全操作规程与保养。

2．能规范操作设备，提高实践动手能力，培养安全责任意识。

3．培养独立思考、认真观察及自主解决问题的能力，提高自主学习的能力，养成良好的行为习惯。

◎ 任务实施

一、牛仔服装常用缝制设备

随着服装服饰行业的不断发展，缝制设备日益更新。目前常用的缝制设备有数百种，有人工操作的、普通功能的，也有高度自动化的，还有一些特种缝纫设备。本章主要介绍牛仔服装基础缝制和熨烫所必需的常规设备。

（一）工业平缝机

1. 工业平缝机特点

工业平缝机（图1-2-1）是缝制工艺中最基础的必备设备之一，应用范围非常广泛，平缝机适合棉、麻、丝、毛、化学纤维织物和皮革等的基础缝制。随着设备的更新换代，企业中很多使用电脑平缝机（图1-2-2），缝制结束能自动断线，起止针能调节自动打来回针，效率更高。牛仔服装缝制工艺中所有的平缝都适用，主要有各部件裁片的缝合和明线车缝等。

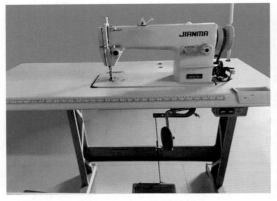

图1-2-1　工业平缝机　　　　　　　　　图1-2-2　电脑平缝机

2. 工业平缝机安全操作规程及注意事项

（1）操作平缝机前先检查平缝机油箱内的油量是否在安全线及以上，如果低于安全线应补油，然后对平缝机需加油的位置进行加油，加油时要停机。检查踏脚板高低是否适中、平缝机的防护装置有无异常，如一切正常，方可开始操作。

（2）开机前，检查电源线路是否完好，插座有无破损、松动现象，插头与插座是否插实，未插实会使电动机缺相，导致电动机在转动时有异响或异味，发现上述情况应立刻关闭电源。

（3）在生产实训时不允许佩戴首饰、留长指甲、戴纱巾、披长发等，必须将前后的头发盘起，防止纱巾、头发转入电动机，造成伤害。在换梭芯、梭套和穿针换线时，脚必须离开脚踏板，一定要切断电源。

（4）机器运转时，不得将手指、头发、杆状物等靠近主动轮、皮带和电动机，不得将手指插入挑线杆防护罩，不得将手指罩置于机针或主动轮处。车缝时手要与机针和压脚保持一定距离，以免机针扎手。

（5）操作过程中应时刻留意车缝情况，若发现有异味、电动机过热、噪声、旋速不正常或断针、跳针、浮线等异常情况，应立即停机切断电源，并报告实习指导教师。

（6）操作结束或中途离开时，应先关闭平缝机电源开关，不可空机等待，以防机器超载和长时间运行造成短路和火灾，带来不必要的损失。

（7）时刻保持平缝机的清洁，台面上下不许堆放杂物。每次使用后都需对各自负责的平缝机进行内外清洁，机器内部堆积的线绒等杂物要及时清理。

注意事项：衣车必须装护针罩，抬起压脚时不要将手放在压脚下，装针与下针时要先关机。厚薄面料使用的车缝针号不同，要注意换针。

（二）包缝机

1. 包缝机特点

包缝机俗称锁边机，企业常称打边车（图1-2-3、图1-2-4），一般分三线、四线、五线。主要功能是防止服装的缝头起毛，锁边机与缝纫可同时进行，线迹如同网眼，也适用于弹性面料。锁边机不仅能够用于锁边，还能用于缝合T恤、运动服、内衣等针织面料。在牛仔服装中专门用于锁边止口，使外观更加美观、高档。

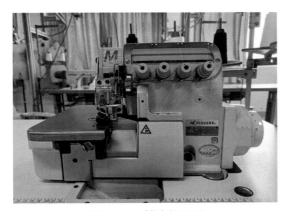
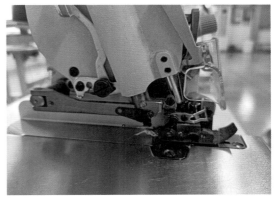

图1-2-3 锁边机正面　　　　　　　　　　图1-2-4 锁边机侧面

2. 包缝机安全操作规程及注意事项

（1）开机前，检查电源线路是否完好，检查皮带罩、眼睛防护罩、手指防护器、歪针外罩等保险装置是否正常。给油孔、针杆滑套等处加油润滑时，要关闭电源，确认电动机停止运转后再操作。

（2）机器运转时，不得将手指、头发、衣服等靠近皮带轮和电动机，不得将手指置于机针和切布刀附近，不得将手放于防护罩内。

（3）机器运转过程中如出现异响、异味、过热现象或机器转动沉重、卡死等故障，应立即关掉电源开关，及时报告实训教师。操作人员不得擅自拆除保险装置、修理机器和调整电脑参数。

（4）离开或操作结束后应关掉电源，整理好机位、机身台面的堆放物。每天清理机器内的线头粉尘等污垢，做好机器的清洁和维护工作。

注意事项：衣车必须装护针罩，吸风，手指不能伸入刀位（靴位）位置，不可随意调节针罩、护镜罩。厚薄面料使用车缝针号不同，要注意及时换针。

二、牛仔服装常用熨烫设备

图1-2-5　蒸汽喷雾电熨斗

图1-2-6　蒸汽熨斗

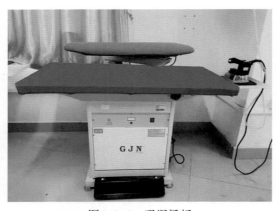

图1-2-7　吸湿烫板

1. 蒸汽喷雾电熨斗（图1-2-5）

把水加入蒸汽喷雾电熨斗，通电后会产生蒸汽，按下喷汽开关，蒸汽会从熨斗下面喷出。这个开关同时也是关闭开关，不需要蒸汽时可以关闭，蒸汽就停止喷出。熨斗上还装有强汽开关，按下这个开关时，熨斗就会喷出强汽。在熨斗前方还装有喷雾嘴。按下喷雾开关，就能喷出水雾。

熨斗上装有调温刻度盘，通过转动刻度盘上的旋钮，可任意选择熨烫温度。800～1000W的熨斗使用范围较广，可以熨烫丝、毛、麻、棉及化纤等织物。

2. 蒸汽熨斗（图1-2-6）

蒸汽熨斗需要配有提供蒸汽汽源的锅炉或蒸汽发生器等装置。蒸汽熨斗与供汽装置间用管线连接，蒸汽发生器通过管线把蒸汽输送到熨斗中。蒸汽熨斗上装有一个控制曲柄，可以使蒸汽从熨斗下面的孔隙中喷出，或使蒸汽从排汽管排出，根据需要进行调节。蒸汽熨斗适用于各种面料服装的熨烫。蒸汽熨斗的工作气压在0.2MPa以上，气压不足时，蒸汽会变成水从熨斗孔中流出，故蒸汽熨斗最好与吸湿烫板配套使用。蒸汽熨斗不易烫伤面料，使用安全。

3. 吸湿烫板（图1-2-7）

吸湿烫板的尺寸与普通烫板相似，吸湿烫板的板面中间是空心的，是用铁、铝或丝网为骨架上面铺一层泡沫，板面再罩上白棉布。吸湿烫板空心处的下方安装有一台涡轮抽风机或真空机，当机器启动后，就可以把板面上面料中的水汽吸去，同时起到冷却降温作用。因吸湿烫板有机械冷却装置，所以定型效果好。

4. 烫凳（图1-2-8）

烫凳比普通烫板窄一半左右，一头为尖圆形，穿板面上的铺设与普通烫板面相同，可以用来熨烫上衣的肩部、胸部，还可以把裤腰穿上去熨烫，故称穿板，使用方便灵活。

图1-2-8　烫凳

5. 熨烫设备安全操作规程及注意事项

（1）在使用熨斗熨烫时要严格按照操作规程和要求。操作时必须将电线拉起来，电线不能碰到电熨斗，以防烧毁外层包线，引起触电事故，电线要有适当的长度，不要硬拉、硬拽。

（2）熨烫衣物过程中，要谨防熨斗的热气烫伤人，应严格调好熨斗的温度和压力，电熨斗底板中心是热量最集中的地方，当电熨斗温度过热时，一定要注意与衣物分开，用完后应及时关上开关。

（3）在熨烫过程中，由于要整理衣物，往往要将熨斗搁置片刻，此时不要将熨斗放置在垫布或被烫衣物上，也不应放在易燃的木板或粗糙的铁板上，因为这样易发生火灾，或破坏熨斗底部的电镀层，影响熨斗的使用寿命。可以将熨斗竖立放置，对于不能竖立放置的电熨斗，应放在熨斗垫或熨斗架上。

（4）熨烫完离开时，要及时将电源和熨烫设备的开关关闭，并按要求将熨斗放在隔热板上，熨斗严禁碰触电源线及喷水软管，防止熨斗的余温将电源线、软管烫融化，引起漏电或短路等现象，发生意外。

（5）要按照规定经常对熨斗和熨烫设备进行维护和定期保养，确保设备外观清洁，出现机器设备故障时，要及时通知设备维修人员进行维修，不得擅自拆卸设备，避免造成短路和不必要的危险。

三、牛仔服装缝制生产中常用工量具

（一）缝制常用工量具

1. 裁缝剪（图1-2-9）

裁剪衣料用的剪刀，一般选择9~12号为宜。与普通剪刀的区别是，其后柄有一定弯度，目的是保证布料在铺平状态下的裁剪，以减小裁剪误差。裁缝剪种类很多，在使用时要注意裁纸板和裁面辅料用的剪刀分开，剪面料的不能剪纸，要专用，以保证剪刀的锋利度和使用寿命。

图1-2-9　裁缝剪

2. 小剪刀（图1-2-10）

小剪刀，也叫线剪，是缝纫过程中主要用于剪线头、拆线等。要求刀口锋利，刀刃咬合时无缝隙。

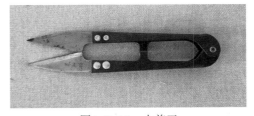

图1-2-10　小剪刀

3. 顶针（图1-2-11）

顶针又称针箍，有铜质顶针、铝质顶针和铁质顶针三种。顶针上的洞眼要深，否则缝制厚硬布料时针会打滑，洞眼起到保护手指在缝纫中免受刺伤的作用。

4. 锥子（图1-2-12）

锥子主要用于拆除缝线，挑领角尖或缝纫时轻推衣片，协助缝纫顺利进行。

图1-2-11　顶针

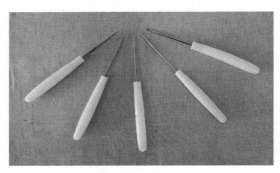

图1-2-12　锥子

5. 镊子（图1-2-13）

镊子又称镊子钳，用于穿线、镊线头或疏松缝线。使用时应选用镊口紧密、无错位、弹性好的镊子。

6. 拆刀（图1-2-14）

拆刀是缝制操作中经常使用的工具，拆刀在木柄或塑料柄上端装有较锋利的叉形小刀，使用时，利用叉形尖挑入缝线，然后用叉形刀割断缝错的线段，从而方便地拆掉错线。

图1-2-13　镊子

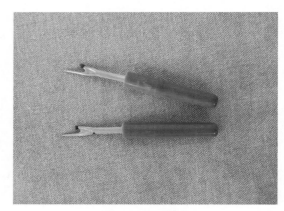

图1-2-14　拆刀

7. 旋具（图1-2-15）

旋具是用于缝纫机装针、调换压脚或者修理、调整机器的主要工具。

8. 梭壳（图1-2-16）

梭壳分为家用梭壳和工业用梭壳两种，不能混用。工业梭壳是工业缝纫机中不可缺少的机器零件。

9. 梭芯（图1-2-17）

梭芯与梭壳配套，装在针板下面的梭床内。车缝时，将线绕在梭芯上，有不锈钢梭芯和铝质梭芯。

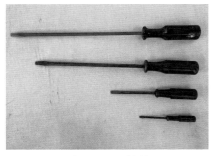

图 2-1-15　旋具

图 1-2-16　梭壳

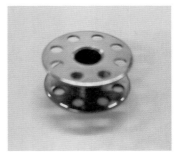

图 1-2-17　梭芯

10. 手针（图1-2-18）

手针即手缝用针，根据粗细不同分为1～12号，号码越小针杆越粗。一般常用的是6～7号针，也可根据面料厚薄选择。

11. 机针（图1-2-19）

机针即机缝用针，根据缝纫机的种类不同可分为家用缝纫机针、工业缝纫机针、专用缝纫机针等。机针的规格有9～16号，号码越大，针杆越粗，形成的针孔也越大。因此要根据面料的厚薄选择相应的针号。一般常用的为9、11、14号机针。

12. 大头针（图1-2-20）

大头针通常用于立体裁剪或试衣补正，有时在缝合较长的衣缝时也用来分段固定，使衣片的上、下层吃量分配均匀。

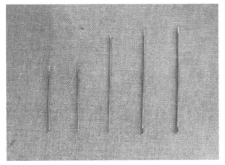

图 1-2-18　手针

图 1-2-19　机针

图 1-2-20　大头针

13. 划粉

划粉也叫画粉，是在衣片上做标记用的粉片，有多种颜色，一般选用与面料相近的颜色，以免在服装表面留下明显的痕迹。划粉一般常用石膏划粉（图1-2-21）和蜡划粉（图1-2-22），石膏划粉价格便宜耐用，蜡划粉遇高温会融化消失，两种划粉各有优劣，在缝制中常两种搭配使用。

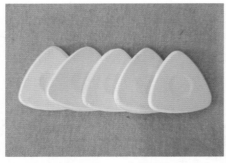

图1-2-21　石膏划粉　　　　　　　　　　图1-2-22　蜡划粉

14. 缝纫线（图1-2-23）

缝纫线按材质不同有全棉线、黏胶线、涤纶线、涤棉混纺线等，常用的缝纫线一般为涤纶线，强度和牢度较好。线的粗细用支数来划分，牛仔服装常用较粗的牛仔专用线。在缝合衣片时一般选择与面料相同或相近颜色的线，也可根据款式设计的需要选用与面料颜色不同的缝纫线。

15. 棉线（图1-2-24）

打线钉或临时固定用的线，一般选用棉线。

图1-2-23　缝纫线　　　　　　　　　　图1-2-24　棉线

16. 软尺

卷尺和皮尺是量体量衣用的软尺，刻度一面为英寸，另一面为厘米，如测量服装各部件的尺寸，测量身体各部位的长度和围度等（图1-2-25、图1-2-26）。

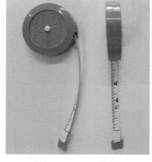

图1-2-25　卷尺　　　　　　　　　　图1-2-26　皮尺

17. 直尺（图1-2-27）

一种透明的有机塑料刻度直尺，有厘米和英寸两种单位，内置刻度。直尺较软，能弯曲360°，方便画直线和弧线。常见的放码尺长度有46cm和61cm，一般61cm（24英寸）×5.08cm（2英寸）×0.1cm较常用，直尺刻度间有许多横竖直线，在结构制图画纸样后方便进行纸样放缝、放码时使用。

18. 其他多功能尺（图1-2-28）

为了更高效地做好纸样和制板工作，根据需要生产了许多多功能尺，是在服装制图时能针对弧线等特殊部位使用的量具，配合打样制板尺使用时，可以帮助服装制板和相关从业人员更高效地完成相应工作。常见的多功能尺有多用曲线尺、逗号曲线尺、纽扣尺、袖笼尺、三角比例尺、直角尺、放码尺等。

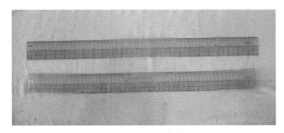

图1-2-27　直尺

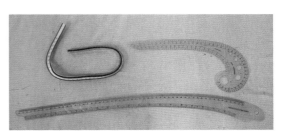

图1-2-28　多功能尺

（二）制板常用工量具

1. 铅笔（图1-2-29）

铅笔在制板时画结构图使用，常用自动铅笔的笔芯按粗细有0.5mm和0.7mm的，按黑度有2H、HB、2B铅笔。铅笔的选用一般根据制板师个人需求和喜好，要求画线细、流畅清晰即可，制图中不能用圆珠笔、钢笔。

2. 橡皮（图1-2-30）

橡皮常用4B的素描橡皮，用于修改涂擦画错的线。

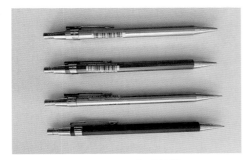

图1-2-29　自动铅笔

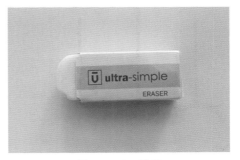

图1-2-30　橡皮

3. 描线轮（图1-2-31）

描线轮常在纸样拓印或复制纸样时使用，通过推动线轮，上下层纸样均有印记，达到

17

复板的目的。

4. 打板纸

在结构制板中常用的打板纸有全开牛皮纸（图1-2-32）、硬卡纸、各种厚度的白纸（图1-2-33）、透明的拷贝纸等，可根据需要选用。

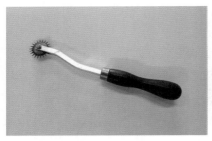
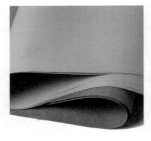
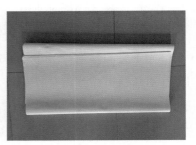

图1-2-31　描线轮　　　　　图1-2-32　牛皮纸　　　　　图1-2-33　白纸

（三）其他辅助工具

1. 人台（图1-2-34）

人台一般分为试衣用和立体裁剪用，人台主要有男装用、女装用、童装用之分，人台也有大小码区别，如常用的女装人台型号有160/84A的标准人台，女装试衣时经常使用。常见的人台多以PU（泡沫）为主要材料制作的软质人台，可以插针。

2. 衣服挂杆

挂杆用于日常悬挂服装和纸样板，服装成衣完成后，为了便于展示和保管，常将服装进行撑挂，如图1-2-35所示。

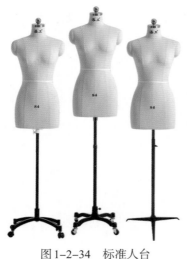

图1-2-34　标准人台　　　　　　　　图1-2-35　衣服挂杆

◎ 巩固训练

1. 能正确规范使用缝制和熨烫设备，掌握设备的安全操作和日常保养。
2. 能正确使用各种工量具，能根据不同制板和缝制需求选用合适的工量具。

◎ 任务要求与任务评价（表1-2-1）

表1-2-1　牛仔服装常用缝制设备任务评价表

序号	部位	标准与分值	自评	互评	师评	企业或客户评	备注
1	工业平缝机	正确规范操作使用工业平缝车，会换机油和机针，懂得设备的清洁和日常保养（20分）					
2	锁边机	正确规范操作使用锁边机，会穿锁边机线，会换机油、机针，懂得设备的清洁和日常保养（20分）					
3	熨烫设备	正确规范操作使用熨烫设备，掌握熨烫安全知识，懂得设备的清洁和日常保养（20分）					
4	平缝缝制	会穿针引线，能进行平缝车线迹的调试，能按要求完成基础平缝线的车缝（20分）					
5	工量具	能正确使用各种工量具，根据不同制板和缝制需求选用合适的工量具（10分）					
6	清洁管理	熟悉实训场室各项规章制度，安全使用各种设备和工量具，能做好设备的日常清洁和保洁等常规工作（10分）					
合计							

任务三　牛仔服装常见缝型与熨烫工艺

◎ 任务导入

某服装厂提供了一条常规款牛仔短裤，分析该款牛仔短裤的所有缝型，同时分析牛仔服装还有哪些常用的缝型和熨烫知识。请结合该款牛仔短裤特征，完成各种缝型的工艺制作和熨烫。

◎ 任务要求

1. 正确规范操作缝制和熨烫设备，懂得设备的日常保养和清洁，具备良好的行为素养和安全责任意识。

2. 根据需要，正确选用缝制工具，懂得日常整理和保管，养成良好的行为习惯和收纳能力。

3. 通过实践训练，掌握牛仔服装常见缝型的缝制，提高动手能力。

4. 通过实践训练，掌握牛仔服装的基本熨烫知识，培养独立思考、认真观察和主动解决问题的能力，培养良好的自主学习和实践能力。

◎ 任务实施

一、牛仔服装基本缝型概念

1. 缝型

缝型是在一层或多层缝料上，按所要求的配置形式，缝上不同的线迹，这些不同的配置结构形式称为缝型。

2. 缝份

在制作服装过程中，把缝进去的部分叫缝份，为缝合衣片在尺寸线外侧预留的边，俗称缝头、做缝或止口。

二、牛仔服装常用基本缝型

（一）平缝

平缝（图1-3-1）又称拼缝、接缝、合缝，是把两层缝料正面相对，在反面缉线的缝型。

图1-3-1　平缝

1. 缝制方法

缝料面对面放置，对齐缝份进行车缝，缝份宽为0.8～1.2cm。将缝份倒向一边称为倒缝，缝份分开烫平称为分开缝。平缝多用于上衣的肩缝，侧缝；裤子的侧缝，下裆缝等。

2. 工艺要求

平缝要求缝料平服，缉线顺直，缝份宽窄一致，在缝制开始和结束时倒回针，以防止线头脱散，并注意上下层布片要齐整。

（二）坐缉缝

坐缉缝（图1-3-2）指先平缝，再将缝份朝向一边坐倒，烫平后在坐倒的一边缉明线，主要作用一是加固，二是固定缝份，三是装饰。

1. 缝制方法

在平缝的基础上，使缝份单边坐倒，并在正面车缝0.1cm或0.6cm的明线。坐缉缝多用于上衣的肩缝、侧缝，裤子的侧缝、下裆缝等。

图1-3-2　坐缉缝

注意：如果双层面料太厚，可将上层布料放缝约0.7cm，下层布料放缝约1.5cm。

2. 工艺要求

坐缉缝要求缝料平服，缉线顺直，缝份宽窄一致，缝制起止回针以防止线头脱散，无皱缩、起链现象。

（三）压缉缝

压缉缝（图1-3-3）又称扣压缝、闷缝。先将缝料按规定的缝份扣倒烫平，再把缝份按照规定的位置组装，其外观效果与坐缉缝一致，只是缝制的顺序不同。

1. 缝制方法

将上层缝料缝份朝反面烫进一个缝份，将扣烫好的缝料盖住下层缝料的缝份或对准下层缝料应缝的位置，在正面压缉一道或两道明线。工厂中常用埋夹机，车缝的效果同压缉缝，不过埋夹机出的是双线（图1-3-4）。压缉缝多用于男裤侧缝，衬衫的贴袋，衬衫的覆肩等。

2. 工艺要求

压缉缝要求缝料平服，缉线顺直，缝份宽窄一致。

图1-3-3　压缉缝（单线）　　　　　　图1-3-4　埋夹机压缉线（双线）

（四）来去缝

来去缝又称反正缝，是正面不见缉线的缝型。

1. 缝制方法

来缝是将两块缝料反面对反面叠合对齐，距边缘缉0.5明线，并将缝份修剪成0.3cm（图1-3-5）。

去缝是将缝料正面对正面叠合，缉0.7缝份，且使第一次的毛缝不能露出（图1-3-6）。来去缝多用于细薄面料的服装，如女衬衫、童装肩缝等。

2. 工艺要求

第一道来缝的缝份不能太宽，如果毛缝太宽可修剪少许，并将缝份修整齐。第二道去缝不能压在布边上，正反都无毛边出现。

图1-3-5　来缝　　　　　　　　　　　图1-3-6　去缝

（五）卷边缝

卷边缝（图1-3-7）又称还口缝，是一种将缝料毛边做两次翻折卷光后，沿折边上口缝缉的缝制方法。

图1-3-7　卷边缝

1. 缝制方法

布料反面朝上，把毛边折转0.5cm，按所需缝份宽度再次折转，沿贴边边缘缉0.1cm。卷边缝多用于袖口、裤脚口、下摆底边等。

2. 工艺要求

卷边缝要求缝份均匀，缝线顺直，无毛边露出，无起链现象。

（六）散口缝

散口缝是一种将缝料锁边，然后按缝份大小将缝份折向反面，并将复折部分车牢的缝制方法。

1. 缝制方法

将缝料有限边锁边，将锁边处的缝料翻折（折向反面），并按预留缝份缉线（图1-3-8）。散口缝起收边效果，多用于女T恤、外套、睡衣、西裤等。

2. 工艺要求

散口缝要求锁边顺直，缝份均匀，缝线顺直，边口平服。

图1-3-8　散口缝

（七）单包缝

单包缝又称暗包缝、内包缝、反包缝，是一种以一层缝料包住另一层缝料，正面显露一条线迹，无毛边的缝制方法。

1. 缝制方法

两层布料正面对正面放置，上层布料左移将下层布料露出的缝份包转，沿布边缉一道约0.1cm的压线，上下层缝合上层布料翻转，熨烫缝份使之无虚缝，正面压缉止口（图1-3-9）。单包缝多用于肩缝，侧缝，袖缝等部位，起到结实牢固、美观的作用。

2. 工艺要求

单包缝要求缝份折齐，缝线顺直，反面无下坑，缝份均匀。

（八）双包缝

双包缝又称明包缝、外包缝、正包缝，是一种以一层缝料包住另一层缝料，正面显露两条线迹，无毛边的缝制方法。

1. 缝制方法

在单包缝的基础上，从缝料正面沿边缉一道0.1cm的明线（图1-3-10）。双包缝多用于夹克衫、运动服、牛仔服的缝制，起到结实牢固、美观的作用。

图1-3-9　单包缝

图1-3-10　双包缝

2. 工艺要求

双包缝要求缝份折齐，缝线顺直，反面无下坑，缝份均匀。

三、牛仔服装的熨烫工艺

（一）熨烫的意义与作用

俗话说：三分裁，七分做；三分做，七分烫。可见熨烫在服装工艺中的重要性。整烫工艺要做到"三好、七防"："三好"指整烫温度掌握好，平挺质量好，外观折叠好；"七防"指防烫黄，防烫焦，防变色，防变硬，防水渍，防极光，防渗胶。为使服装在穿着后能保持平整、挺括，恰当地表现人体曲线，完美地体现造型，一方面可通过结构设计进行收省、分割，另一方面可通过熨烫定型进行工艺处理。

（二）熨烫定型的基本条件

1. 适宜的温度

不同的织物在不同的温度作用下，纤维分子产生运动，织物变得柔软，这时如果及时地按设计的要求进行热处理，织物很容易变成新的形态并通过冷却固定下来。

2. 适当的湿度

一定的湿度能使织物纤维润湿、膨胀、伸展。当水分子进入纤维内部而改变纤维分子间的结合状态时，织物的可塑性能增加，这时加上适宜的温度，织物就会更容易变形。

3. 一定的压力

纺织面辅料一般说来都有一个比较明显的屈服应力点，这个应力点根据材料的质地、厚薄及后整理等因素不同而不同，熨烫时当外界压力超过应力点的反弹力时，就能使织物变化定形。

4. 合理的时间

纺织面料品种繁多，性能千差万别，导热性能也是各不相同。即使是同一种织物，其上下两层的受热也会产生一定的时间差，加上织物在熨烫时具有一定的湿度，所以必须将织物附加的水分完全烫干才能保证较好的定形效果，因此合理的原位熨烫时间是保证熨烫定型的关键。

5. 合适的冷却方法

熨烫是手段，定型是目的。定型是在熨烫加热过程后，通过合适的冷却方法来实现的。熨烫后的冷却方式一般分为自然冷却、抽湿冷却和冷压冷却，采用哪种冷却方法一方面要根据服装面辅料的性能确定，另一方面也要考虑设备条件。目前一般采用的冷却方法是自然冷却和抽湿冷却。

（三）最基本的熨烫技法

1. 平烫分缝

熨烫时，不握熨斗的那只手将缝头一边分开、一边后退，熨斗向前烫平，达到分缝不伸、不缩、平挺的要求，如图1-3-11所示。

2. 拔烫分缝

在熨烫分缝时，不握熨斗的那只手拉住缝头，熨斗往返用力烫，使分缝伸长而不起吊。用于熨烫衣服拨开的部位，如袖底、裤子下裆缝等部位，如图1-3-12所示。

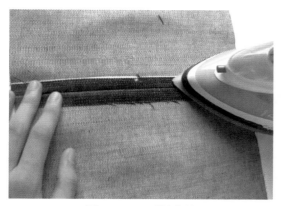
图1-3-11　平烫分缝

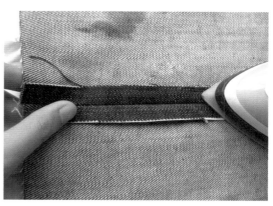
图1-3-12　拔烫分缝

3. 归烫分缝

在熨烫分缝时，不握熨斗的那只手按住熨斗前方的衣缝，略向熨斗推送，熨斗前进时稍提起熨斗前部，用力压烫，防止衣缝拉宽、斜丝伸长。用于熨烫衣服斜丝和归拢部位，如喇叭裙拼缝、袖背缝等部位，如图1-3-13所示。

4. 起烫

布料表面出现水花、亮光、烙印或绒毛倒伏时，先在布料上盖一块湿布，再用熨斗轻轻熨烫。注意不要用压力，使水蒸气充分渗入布料，并反复擦动，使织物恢复原状，达到除去水光、亮光、烙印和绒毛倒伏的目的，如图1-3-14所示。

图1-3-13　归烫分缝

图1-3-14　起烫

5. 烫扣缝

（1）直扣烫。用左手把所需扣烫的衣缝一边折转、一边后退，同时熨斗尖跟着折转的缝头向前移动，然后将熨斗底部稍用力来回熨烫，如图1-3-15所示。用于烫裤腰、贴边、夹里摆缝等需要折转定型的部位。

（2）弧形扣烫。用左手手指按住缝头，右手用熨斗尖先在折转的缝头处熨烫，熨斗右侧再压住贴边上口，使上口弧形归缩，如图1-3-16所示，用于烫衣、裙等的下摆。

图1-3-15　直扣烫　　　　　　　　　　　图1-3-16　弧形扣烫

（3）圆形扣烫。在熨烫前先用缝纫机在圆形周围用长针脚车缉一道。然后把线抽紧，使圆角处收拢，缝头自然折转。扣烫时先把直丝烫煞，再扣烫圆角。用熨斗尖的侧面，把圆角处的缝头逐渐往里归拢，熨烫平服，如图1-3-17所示，用于烫圆角贴袋。

6. 平烫

熨斗应沿着布料的经向，即直丝缕方向，不停地移动，用力要均匀，移动要有规律，不要使布料拉长或归拢。

7. 归、拔、推熨烫

归、拔、推是对织物热塑变型的熨烫工艺。

（1）归烫。归烫前向织物喷水，一手握住熨斗，一手把衣片归拢的部位推进，用力将熨斗由里向外，逐步做弧形运行，归量渐增，从而形成表面呈纵向的凸形，如图1-3-18所示。

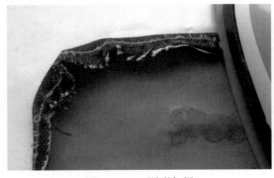

图1-3-17　圆形扣烫　　　　　　　　　　图1-3-18　归烫

（2）拔烫。拔烫前向织物喷水。一手握住熨斗，一手拉住衣片拨开的部位，用力将熨斗由外向里逐步做弧形运行，拔量渐减，从而形成表面呈纵向的凹形，如图1-3-19

所示。

（3）推烫。推烫前向织物喷水。将衣片归烫后的胖势推向中间所需部位，是归烫的继续。如西服前片中将各方向归烫出现的松势都推向前胸中心位置，形成凸起的胸部，西裤后片臀部周围归烫的松势都推向臀部等，如图1-3-20所示。

图1-3-19　拔烫　　　　　　　　　　　　　　　　图1-3-20　推烫

（四）熨烫注意事项

（1）色织物在熨烫时应先进行小样试熨，以防发生色变。

（2）压力不要过大，以防产生极光。

（3）尽量减少熨烫次数，以防降低织物耐用性。

（4）裹烫提花、有浮长线的织物时，防止勾丝、拉毛、浮纱拉断等。

（5）注意温度对面料的影响，温度要适当，防止发生极光和毡化。

（6）吸湿性大、难以熨平的织物，应喷水熨烫；不能在湿态下熨烫的织物，应覆盖湿布熨烫。薄织物湿度稍低，熨烫时间稍长，厚织物湿度稍高。

（7）烫台要平整，避免凹凸不平，要加覆湿布，防止产生亮光。

◎ 巩固训练

1. 练习平烫分缝，拔烫分缝，归烫分缝，起烫、烫扣缝，平烫，归、拔、推熨烫等各种熨烫技法。

2. 简述熨烫的意义与作用，熨烫定型的基本条件和注意事项。

3. 列举生活中常见的牛仔服装所用的缝型。

4. 挑选一件牛仔服或牛仔裤，分析牛仔服装中运用了哪些缝型。

◎ 任务要求与任务评价（表1-3-1）

表1-3-1　牛仔服装常见缝型与熨烫任务评价表

序号	部位	标准与分值	自评	互评	师评	企业或客户评	备注
1	缝制设备	正确规范操作缝制设备，掌握设备的清洁和日常保养方法（10分）					
2	缝型工艺	正确缝制各种缝型，做到线迹流畅顺直，线迹美观漂亮，针距大小合适，无浮面线、底线、断线（50分）					
3	熨烫设备	正确规范操作熨烫设备，会熨烫各种缝型，掌握设备的清洁和日常保养方法（30分）					
4	清洁管理	安全使用各种设备和工量具，能做好日常清洁和保洁等常规工作（10分）					
合计							

模块二

牛仔服装缝制工艺实践模块

项目二
牛仔裙缝制工艺

◎ **项目概述**

　　牛仔裙是一种围裹式的服装，属于下装，无裆缝，它既可以是包裹下半身形式，也可以是从领子到下摆的连身形式。半身裙由三个围度（腰围、臀围、摆围）和两个长度（臀长、裙长）构成。牛仔裙的工艺变化主要表现在裙腰、裙身、裙摆等部位，还可以在裙身、口袋、底摆等局部进行钉珠、烫钻、刺绣、流苏等装饰。

◎ **思维导图**

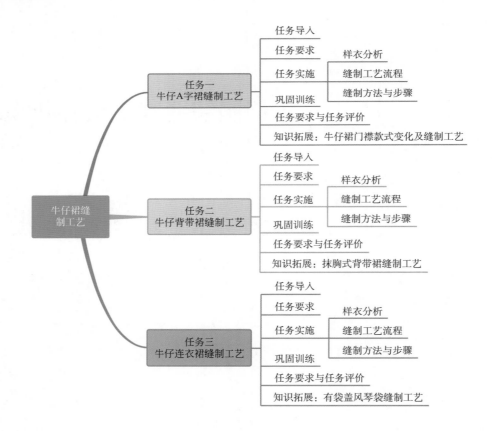

◎ **学习目标**

　　本项目以服装企业生产制单为指引，通过与企业生产实践相结合，培养学生生产缝制牛仔A字裙、背带裙、连衣裙等各类牛仔裙装的能力，并通过学习企业的一些特种设备，掌握拉裤头、做背带、装拉链、拉耳仔等各部位的制作技巧，使学生各部位制作尺寸更加精准，提高生产效益。

素养目标

1. 根据生产单要求，按时完成工作任务，培养学生养成高效的工作习惯。

2. 通过本项目的实施，培养学生精益求精、追求卓越的工匠精神。

3. 通过小组共同探讨、分析问题，培养学生团结一致、互帮互助的学习精神。

4. 通过任务驱动式学习模式，培养学生独立思考、认真观察及自主解决问题的能力，养成良好的自学能力和学习习惯。

知识目标

1. 了解A字裙、背带裙、连衣裙的款式特点。

2. 了解裙装各个部位的制作尺寸，掌握测量技巧和要求。

3. 掌握A字裙、背带裙、连衣裙的缝制工艺方法及技巧。

4. 掌握各类裙子的裁片数量、纱向，裁剪制作方法。

5. 掌握裙装质检标准，学会测量、评价。

能力目标

1. 能解读生产单，掌握工厂生产制单生产分析的要点。

2. 能根据制作方法，编写和制定工艺流程。

3. 掌握背带、裤头、口袋等各细节部位的处理方法和制作技巧。

4. 学会电脑平车、服装特种设备的机器基本的检修方法，能独立解决常见的机器故障。

5. 学会规范的操作机器设备，进行安全高效的生产制作服装。

任务一　牛仔A字裙缝制工艺

◎ 任务导入

　　牛仔A字裙时尚、舒适，又不失活泼、靓丽，受到广大女青年的青睐。某服装生产企业收到一批牛仔A字裙制衣订单，将代为生产一批大货，具体要求见表2-1-1。

◎ 任务要求

　　1. 学会解读生产单，分析制单生产要求。

表2-1-1 牛仔A字裙工艺生产单

客户				款号		YUADI2		下单日期		
主面	GT638L 蓝色			款式	A字裙	数量	1000件	出货日期		
号型	XS	S	M	L	XL	合计	用量		床数	
数量/件	150	200	250	200	200	1000	缩水率	长5%，宽8%	布料成分	95%棉 5%氨纶
布封		144.75cm					实裁数		3%，1030件	

洗水前辅料					洗水后辅料			
名称	规格数量	名称	规格数量		名称	规格数量		备注
面线	608白色	洗水唛/尺码	数字织唛		纽	哑叻色铜20mm 空心纽		里襟×6
底线	604白色	主唛 小尺码	有		钉	哑叻色铜 0.6mm英文钉		无
打枣线	跟板	旗唛	无		吊牌	1		挂左前裙片耳仔上
凤眼线	跟板	横唛	无		合格证	1		贴布白吊牌上
锁边五线	604白色	长唛	无		拷贝纸	YUA（客供）		后裙片对折中间
					小胶袋	35mm×45mm		小胶袋上贴条形码

洗水后尺寸/cm						洗水前尺寸/cm					
码数	XS	S	M	L	XL	码数	XS	S	M	L	XL
裙长（前中）	38	39	40	41	42	裙长（前中）	39.9	41	42.1	43.1	44.1
腰围（拉平量）	63	65.5	68	70.5	73	腰围（拉平量）	68	70.7	73.4	76.2	76.7
臀围（平量）	85	87.5	90	92.5	95	臀围（平量）	91.8	94.5	97.2	100	102.6
摆围	105	107.5	110	112.5	115	摆围	113.4	116.1	118.8	121.5	124.2
前中腰顶至臀围	18.8	19.4	20	20.6	21.2	前中腰顶至臀围	19.7	20.4	21	21.6	22.3
腰高	4	4	4	4	4	腰高	4.2	4.2	4.2	4.2	4.2

车间生产工艺要求：

1.前裙片拼缝位置准确，左右对称，明线宽窄一致，线距跟板，不能跳针或有接线，不能起拱，要顺直。门里襟宽窄、长短一致，纱线顺直、不起扭。

2.后侧与后中拼缝对位准确，左右对称，拼缝往后中坐倒，方向一致，明线缉线均匀，线距跟板，不能出现跳针、起拱或接线的现象

3.腰头丝绺归正要顺直、平服、不起扭

4.侧缝用五线锁边，向后片坐倒，正面从上到下压双明线，明线宽窄一致，顺直、均匀

5.耳仔对位跟板，耳仔长短、宽窄一致

6.底面线松紧适宜，无串珠，无起涟，面线无驳线。针距1英寸8针，及骨1英寸11针，全件不能驳线

7.根据客户要求，A字裙主要采用猫爪、碧纹洗、石磨、软化等洗水工艺

正面

背面

生产车间	×车间×组	跟单		审核		主管	

2. 熟悉牛仔A字裙款式特点、各部位尺寸要求，以及缝制工艺及技巧。

3. 培养敬业、专注、创新的工匠精神。

4. 通过共同探讨、分析问题，培养团结一致、互帮互助的学习精神。

◎ 任务实施

一、样衣分析

1. 款式特点

此款A字裙裙型腰臀合体，下摆向外展开，外形呈A字型。前中开门襟，装六粒工字扣，门襟缉明止口0.1cm单线，叠门宽3cm单明线；前裙片、后裙片纵向分割拼接，双线宽度为0.1cm +0.6cm；腰头装四根耳仔，打枣封口，裙摆磨毛流苏。工艺说明如图2-1-1所示。

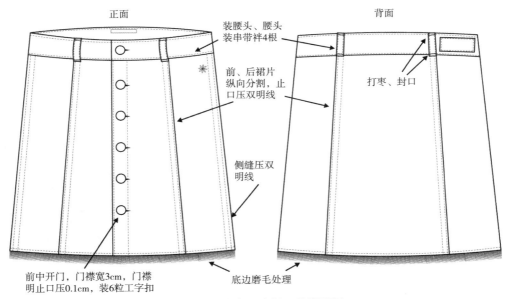

图2-1-1　牛仔A字裙工艺说明图

2. 裁片数量（图2-1-2）

耳仔×1，前侧片×2，前中片×2，后中片×1，后侧片×2，腰头×1。

3. 制作规格（表2-1-2）

表2-1-2　牛仔A字裙的制作规格　　　　　　　　　　　　　　单位：cm

号型	裙长	腰围（平量）	臀围（平量）	摆围	前中腰顶至臀围	腰高
160/68A	40	68	90	110	20	4

33

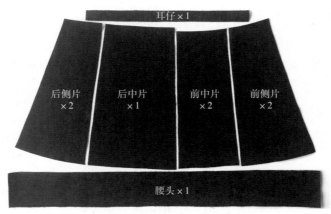

图2-1-2 牛仔A字裙裁片数量

二、缝制工艺流程

缝制前裙片→缝制后裙片→缝合侧缝→装腰头→装耳仔→开扣眼、钉纽→整烫

三、缝制方法与步骤

1. 缝制前裙片

（1）熨烫门里襟。将前中片的门里襟分别往反面连续折烫两次，先熨烫1cm缝份，再往反面折烫3.2cm，烫煞，要求折烫缝份宽窄一致，如图2-1-3所示。

缝制前裙片

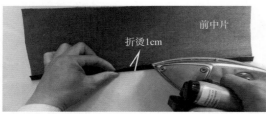

图2-1-3 熨烫门里襟

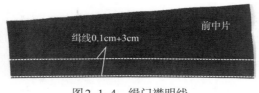

图2-1-4 缉门襟明线

（2）门里襟缉明线。沿着门襟边沿缉0.1cm+3cm的明线，里襟与门襟做法一致（图2-1-4）。缉明线要求顺直、宽窄一致。

（3）缝合前片分割线。将前侧片与前中片正面叠合，缉1cm缝份后，将缝份拷边（图2-1-5），再将前中片与前侧片展开，缝头倒向前中，沿着前中片缉0.1cm+0.6cm的双明线（图2-1-6）。

2. 缝制后裙片

（1）缝合后片分割线。将后侧片与后中片正面叠合，缉1cm缝份后将缝份拷边（图2-1-7）。

（2）后片分割线缉明线。将后中片与后侧片展开，缝份倒向后中片，沿着后中片缉

0.1cm+0.6cm的双明线（图2-1-8）。

图2-1-5　缝合前片分割线

图2-1-6　前片分割线缉明线

图2-1-7　缝合后片分割线

图2-1-8　后片分割线缉明线

3. 缝合侧缝

（1）合侧缝。将前后裙片正面与正面相叠，侧缝对齐，缉缝份1cm并拷边（图2-1-9）。

（2）缉侧缝明线。将前裙片与后裙片展开，缝头倒向后侧片，沿着后侧片缉0.1cm+0.6cm双明线（图2-1-10）。

图2-1-9　合侧缝

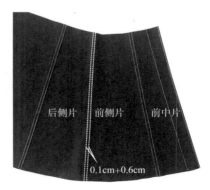

图2-1-10　缉侧缝明线

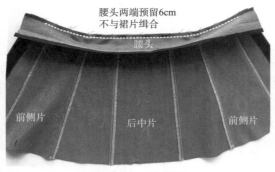

腰头两端预留6cm
不与裙片绠合

腰头

前侧片　　　　后中片　　　　前侧片

图2-1-11　装腰里

装腰头

4. 装腰头

（1）装腰里。将腰里正面与裙片反面相叠，对位标记对准，绠缝1cm缝头。注意一定要将腰头两端预留6cm不绠线（图2-1-11）。

（2）封腰口、压绠腰面。将腰头翻正，腰头两端及腰面下口缝头向内折转放平，从预留的6cm位置开始封腰口（图2-1-12）。然后沿着腰面下口压绠0.1cm明止口（图2-1-13）。

注意：明止口要顺直，宽窄一致，腰里不能有漏针现象。

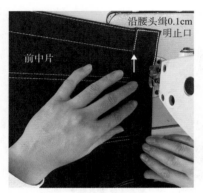

沿腰头绠0.1cm
明止口

前中片

图2-1-12　封腰口

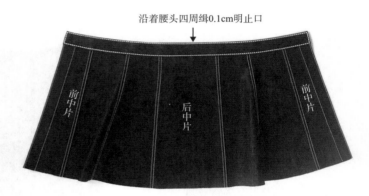

沿着腰头四周绠0.1cm明止口

前中片　　　后中片　　　前中片

图2-1-13　压绠腰面

5. 装耳仔

（1）做耳仔、剪耳仔。将裁剪好的耳仔布条引入耳仔拉筒，踩动机器，将拉出大小0.6cm宽的耳仔（图2-1-14），然后将耳仔剪成长为10cm的长耳仔4个，并取中间长度5.5cm做好标记，剩余长度两端分中（图2-1-15）。

耳仔机

图2-1-14　做耳仔

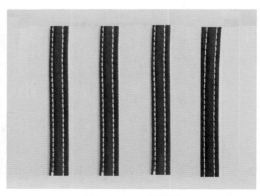

图2-1-15　剪耳仔

（2）装耳仔。将耳仔所画止口折向底面，用打枣机按照款式要求固定在所规定的地方。枣位的宽度与长度根据耳仔的大小来调节（图2-1-16、图2-1-17）。

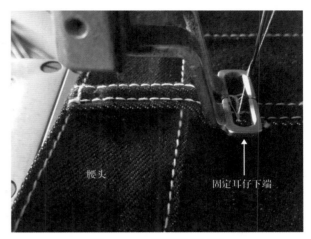

图2-1-16　固定耳仔上端　　　　　　　　　　　　　　图2-1-17　固定耳仔下端

6. 开扣眼、钉纽

（1）开扣眼。画好前门襟扣眼位，将裙片里面朝上，外面朝下放在扣眼车压脚下，将扣眼打好（图2-1-18、图2-1-19）。注意：裙子的扣眼为凤眼，所以用的是凤眼机，打眼时要对准眼位，不可有错位现象。

图2-1-18　画扣眼位置　　　　　　　　　　　　　　　图2-1-19　开扣眼

（2）钉纽。在裙片门襟正面画好钉纽位，然后将纽扣放在钉纽机上，对准纽扣位置钉纽（图2-1-20、图2-1-21）。

7. 整烫

将A字裙展开放平整，用蒸汽熨斗将各部位熨烫平整。注意温度要适宜，无焦黄、无极光、无水花、无污渍等（图2-1-22）。

8. 成品

牛仔A字裙完成制作。

图2-1-20 定纽扣位

图2-1-21 钉纽

图2-1-22 整烫

◎ **巩固训练**

1. 写出A字裙的款式特点和工艺流程。

2. 根据表2-1-1生产单要求，制作一条L码的A字裙。

◎ **制作要求与任务评价（表2-1-3）**

表2-1-3 牛仔A字裙缝制工艺任务评价表

序号	内容	标准与分值	自评	互评	师评	企业或客户评	备注
1	规格	符合成品规格尺寸，一项不符合扣1分（10分）					
2	前襟里襟	前片门里襟宽窄、长短一致，纱线顺直、不起扭，一项不符合扣3分（15分）					
3	前裙片	拼缝位置准确，明线宽窄一致，线距跟板，不能跳针或有接线，不能起拱，要顺直，一项不符合扣3分（15分）					

序号	内容	标准与分值	自评	互评	师评	企业或客户评	备注
4	后裙片	后侧与后中拼缝对位准确，缝头往后中坐倒，方向一致，明线缉线均匀，线距跟板，不能跳针或有接线，不能起拱，要顺直，一项不符合扣3分（15分）					
5	腰头	腰头丝缕归正，要顺直、平服、不起扭，一项不符合扣2分（10分）					
6	耳仔、凤眼、纽扣	耳仔长短、宽窄一致，对位准确；凤眼、纽扣一项不符合扣2分（10分）					
7	锁边	侧缝用五线锁边，向后片坐倒，正面从上到下压双明线，明线宽窄一致，要顺直、均匀，一项不符合扣1分（5分）					
8	车缝线	底面线松紧适宜，无串珠，无起涟，面线无驳线。针距1英寸8针，及骨1英寸11针，全件不能驳线，一项不符合扣2分（10分）					
9	整烫	熨烫平整，无焦黄、无极光、无水花等，一项不符合扣2分（10分）					
合计							

◎ 知识拓展　牛仔裙门襟款式变化后的缝制工艺

1. 成品款式

牛仔裙门襟款式变化后的成品如图2-1-23所示。

图2-1-23　牛仔裙的门襟款式变化

2. 制作规格（表2-1-4）

表2-1-4　制作规格

单位：cm

部件	腰围	臀围	臀高	裙长	门襟宽	弯袋侧高	弯袋内高
规格	68	92	18	58	3	6	4

3. 材料准备

前裙片 ×2，袋垫 ×2，袋口贴边 ×2，腰头造型裁片 ×4，前育克 ×4，门襟 ×1，里襟 ×1，袋布 ×2。

4. 缝制工艺流程

核对牛仔裙前片款式变化裁片、做缝制标记→固定袋布与袋口贴边→缝制袋口→缝合前裙片→缝制门襟→缝制里襟→缝制前中缝→锁眼、钉纽

5. 缝制方法与步骤

（1）核对牛仔裙前片款式变化裁片、做缝制标记。根据款式要求制作相应的纸样，并将相对重要的部件做出缝制标记（图2-1-24）。

（2）固定袋布与袋口贴边。将纸样平摆在面料裁片上，在定位纸样上穿孔扫粉，确定袋里贴位置，然后将袋口贴边与袋垫布跟固定在袋布上（图2-1-25）。

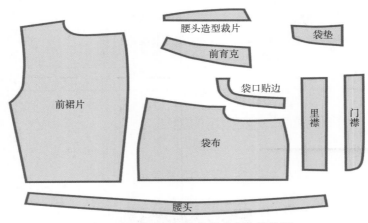

图2-1-24　牛仔裙前片款式变化裁片图

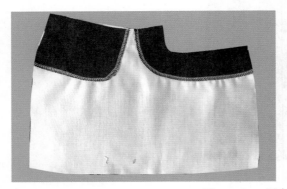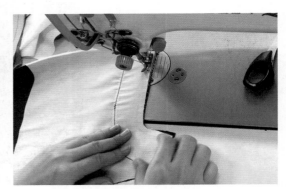

图2-1-25　固定袋布与袋口贴边

（3）缝制袋口。将裙片与袋口正面叠合，缝份对齐，缉0.8cm缝份，然后将袋口缝份打剪口，再将袋布翻到裙片反面，沿着袋口正面压0.1cm+0.6cm的双明线（图2-1-26）。

（4）缝合前裙片。将袋布底采用来去缝的方法缝合后将前裙片与前育克缝份对齐，正面叠合，缝1.25cm缝头，然后拷边，再将缝份倒向前育克，沿着正面压0.1cm+0.6cm双明线（图2-1-27）。

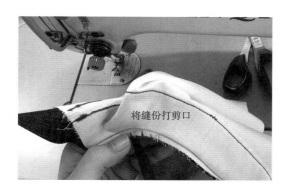
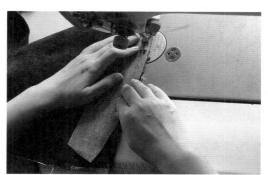

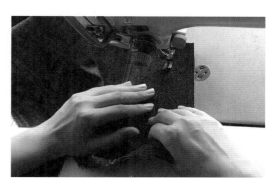

图2-1-26 缝制袋口

图2-1-27 缝合前裙片

（5）缝制门襟。将拷边后的门襟与裙片缝份对齐，缉1cm缝份，然后将缝份倒向门襟，压0.1cm明止口，然后将门襟翻折到裙片反面，沿着门襟压缉双明线（图2-1-28）。

（6）缝制里襟。将里襟反面朝外对折，沿着底部缉1cm缝份，然后翻到正面，将里襟缝份拷边。然后里襟缝份与右裙片裆缝正面与正面相叠缝份对齐，沿里襟缉1cm缝份（图2-1-29）。

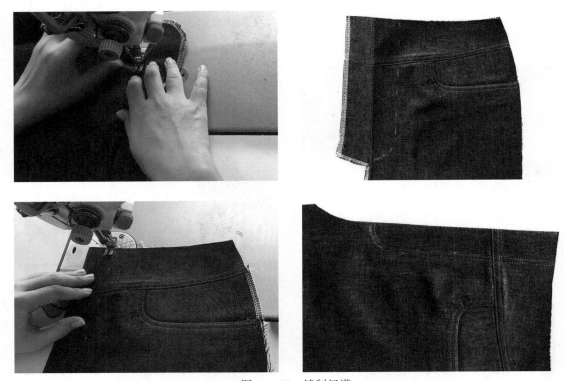

图2-1-28 缝制门襟

图2-1-29 缝制里襟

（7）缝制前中缝。将左裙片前裙片的前裆缝和前中缝折转1.25cm，放置在右前裙片上，沿着左裙片前中缝从底下往上缉双明线（图2-1-30）。

（8）锁眼、钉纽。裙子装好腰头后，在裙片门襟上均匀的开锁眼4个，在裙片里襟上钉纽4粒（图2-1-31、图2-1-32）。

（9）牛仔裙门襟款式变化成品完成。

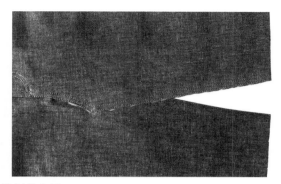

图2-1-30　缝制前中缝

图2-1-31　锁眼

图2-1-32　钉纽

任务二　牛仔背带裙缝制工艺

◎ 任务导入

某服装公司样板房接到牛仔背带裙生产工艺单（表2-2-1），提供了效果图和尺寸，公司工艺板房需要先制作牛仔背带裙M码的样衣，再做大货生产。

◎ 任务要求

1. 了解牛仔背带裙的款式特点及裙装缝制工艺的异同点，掌握牛仔背带裙的缝制工艺及技巧。

2. 培养独立思考、认真观察及自主解决问题的能力，养成良好的自学能力和学习习惯。

3. 通过小组合作，培养团队合作意识、创新能力、分析问题和解决问题的能力。

4. 根据生产单要求，按时完成工作任务，养成高效的工作习惯。

5. 培养精益求精、追求卓越的工匠精神。

表2-2-1 牛仔背带裙工艺生产单

客户				款号		MUTXXK3		下单日期	
主面	GT638L蓝色		款式	背带裙	数量	500件		出货日期	
号型	XS	S	M	L	XL	合计	实裁数		3%，515件
数量/件	50	125	150	125	50	500	缩水率	长5%，宽8%	布料成分 97%棉 3%氨纶

裙子两侧开口，钉铜纽扣	布封	144.75cm（57英寸）
要求：先松布后裁，单双牌锁边	袋布：白色袋布	

洗水前辅料				洗水后辅料		
名称	规格数量	名称	规格数量	名称	规格数量	备注
面线	608浅蓝	洗水唛/尺码	数字织带	纽	红古铜2cm空心纽	裤头两侧×4，背带胸前×2
底线	608浅蓝 608宝蓝	主唛小尺码	有	钉	红古铜0.6cm钉	无
锁边三线	803宝蓝	四方唛	有	吊牌	1	挂左前裙片耳仔上
锁边五线	604宝蓝	横唛	无	合格证	1	贴布白掉牌上
打枣线	跟板	旗唛	无	拷贝纸	MUT（客供）	后裙片对折中间
凤眼线	跟板	长唛	无	小胶袋	55mm×45mm	小胶袋上贴条形码

洗水后尺寸/cm						洗水前尺寸/cm					
码数	XS	S	M	L	XL	码数	XS	S	M	L	XL
前中长	108	110	112	114	116	前中长	113.7	115.8	117.9	120	122.1
后中长	106	108	110	112	114	后中长	111.6	113.7	115.8	117.9	120
腰围	66	68.5	71	73.5	76	腰围	69.5	72.1	74.7	77.3	80
臀围	81	83.5	86	88.5	91	臀围	88.0	90.8	93.5	96.2	98.9
下摆围	92	94	96	98	100	下摆围	100	102.2	104.3	106.5	108.7
腰高	4	4	4	4	4	腰高	4	4	4	4	4

车间生产工艺要求：

1.背带3cm宽，机拉裤头4cm宽，夹缉前胸片和后背，裤头两侧开4个2cm凤眼落刀

2.前裙片门襟相搭26cm，注意不能起拱，一定要顺直。前袋做法跟板，袋口压0.1cm+0.6cm双线，线距跟板，不能出现跳针或接线的现象

3.后裙片飞机位及后中缝埋夹，飞机位包裙身压0.1cm+0.6cm双线，其他制作跟板，裙底摆卷边还口车2cm

4.侧缝采用五线锁边，侧缝后片压15cm长，压缉0.2cm明止口，缉线尾端打枣

5.拉链、口袋封口处打枣，打枣一定要饱满，位置一定要准确

6.车缝线：底面线松紧适宜，无串珠，无起涟，面线无接线

7.针距2.5cm缝8针，锁边线2.5cm缝11针，全件不能接线

8.根据客户要求，背带裙主要采用酵洗、吊磨、磨边、多位擦砂、多位马骝等洗水工艺

正面　　　　　背面

◎ 任务实施

一、样衣分析

1. 款式特点

此款牛仔背带裙前胸处有一个分割线贴袋，压明线装饰，上端装背带两条，有两个葫芦扣挂钩，背带可调节长短。前片左右斜插袋各一个，夹嵌条压双明线，两侧开襟装两枚金属扣，前片分割腰头缉明线，前中开衩缉双明线，后背采用五边形造型，后片无腰头，设单嵌线假袋两个，压明线，如图2-2-1所示。

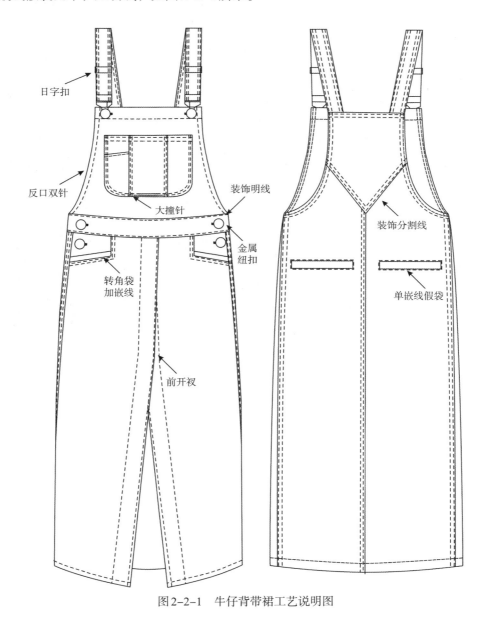

日字扣

反口双针

大撞针

装饰明线

金属纽扣

转角袋加嵌线

前开衩

装饰分割线

单嵌线假袋

图2-2-1　牛仔背带裙工艺说明图

2. 裁片数量（图2-2-2）

前片×1，前裙片×2，后片×2，后裙片×2，门襟/里襟贴边×2，腰头×2，袋布×2，前挖袋袋垫布×2，前挖袋嵌条×2，后挖袋袋垫布×2，后挖袋嵌条×2，门襟×1，里襟×1，背带×2，袋左上片×1，袋左下片×1，袋中片×1，袋右片×1。

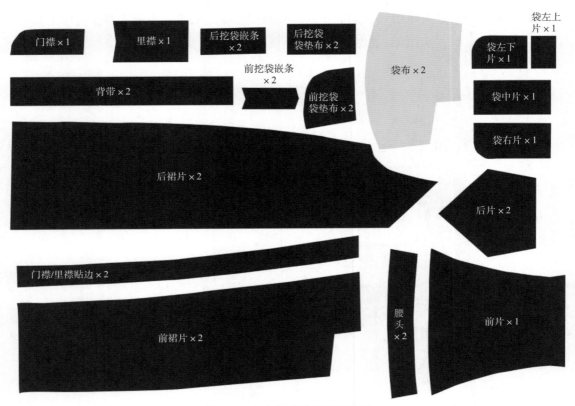

图2-2-2　牛仔背带裙裁片数量

3. 制作规格（表2-2-2）

表2-2-2　牛仔背带裙的制作规格　　　　　　　　　　　　单位：cm

号型	前中长	后中长	腰围	臀围	下摆围	腰高
165/68A	112	110	71	86	96	4

二、缝制工艺流程

制作单嵌线前挖袋→缝制前片与前胸贴袋→做门襟→做、装腰头→缝制单嵌线挖袋→缝制背带、后裙片→缝合侧缝→卷底边→整烫

三、缝制方法与步骤

1. 制作单嵌线前挖袋

（1）缉门襟。将已拷边的门襟放在袋布上，门襟的上边和侧边分别与袋布上边和侧边对齐，沿拷边线缉缝0.6cm，如图2-2-3所示。

（2）缉袋垫。将已拷边的袋垫布和门襟的正面与正面相叠，沿侧缝位置缉缝1.25cm，缉缝10cm，再转折缉向侧缝，再对准转角位三层一起剪剪口，如图2-2-4所示。

制作单嵌线前挖袋

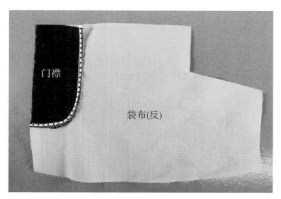

图2-2-3　缉门襟

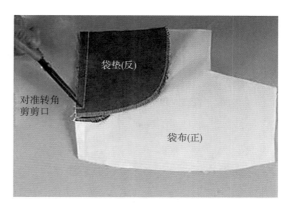

图2-2-4　缉袋垫

（3）缉袋垫明止口。将袋垫布翻正，缝头倒向袋垫布，沿着袋垫缉0.1cm明止口，如图2-2-5所示。

（4）固定袋垫。将袋垫翻开，沿门襟缉0.1cm止口，再将袋垫翻转袋布反面，沿袋垫拷边缉0.6cm，注意转角位置一定要翻成直角。如图2-2-6所示。

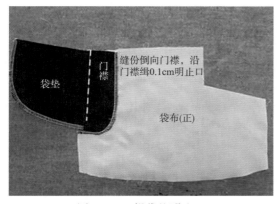

图2-2-5　缉袋垫明止口

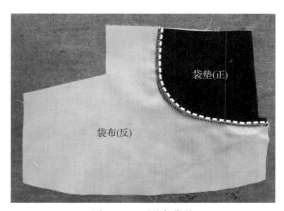

图2-2-6　固定袋垫

（5）熨烫嵌条。将嵌条布正面朝外对折熨烫，如图2-2-7所示。

（6）画嵌条。画1cm宽的平行线，将嵌条放至袋口处，如图2-2-8所示。

图2-2-7　熨烫嵌条　　　　　　　　　　　图2-2-8　画嵌条

（7）固定嵌条。在袋口侧口处画净样线并延伸到嵌条上，沿净样线缉线，如图2-2-9所示。

（8）合缉袋布与裤片。将袋布的袋口位与裤片的袋口位对齐，沿着裤片反面的线迹缉线，再将袋口侧边位缉线1cm，图2-2-10所示。

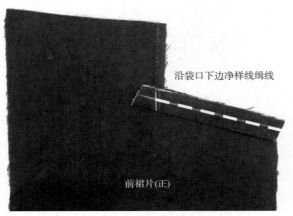

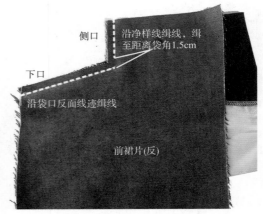

图2-2-9　固定嵌条　　　　　　　　　　图2-2-10　合缉袋布与裤片

（9）剪袋角。将袋布与裤片的转角处对准转角分别剪剪口，确保袋角翻平服。

注意：剪剪口时对准转角点，剪至距离转角位1～2根纱即可，如图2-2-11所示。

图2-2-11　剪袋角

（10）缉袋口双明线。袋布翻到裤片的反面后，将袋口熨烫平服，再沿袋口位缉0.1cm+0.6cm的双明线，如图2-2-12所示。

图2-2-12　缉袋口双明线

（11）缉缝袋布底。将袋布按中间位对折，袋口一边的袋布翻折到袋垫后面，对齐袋布底端缉缝0.5cm，翻转口袋并缉缝袋底明线0.8cm，如图2-2-13所示。

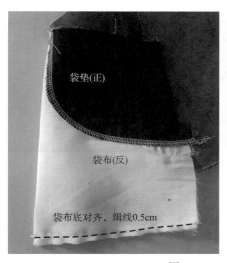
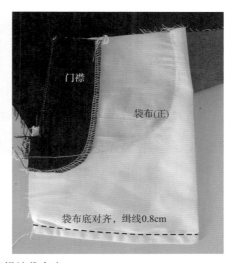

图2-2-13　缉缝袋布底

（12）固定前袋。袋口位对准袋垫剪口位，在侧缝、腰口线位置缉线固定裤片、袋布和袋垫，完成后的袋口要有一定的宽松度，如图2-2-14所示。

2. 缝制前片与前胸贴袋

（1）熨烫前片两侧。前片两侧锁边，缝头向反面扣烫1cm（图2-2-15）。

（2）制作前片两侧。沿着前片两侧正面缉0.1cm+0.6cm双明线（图2-2-16）。

（3）熨烫前片上口。将前片上口边的缝头，朝反面扣烫两次（图2-2-17）。

图2-2-14　固定前袋

（4）制作前片上口。沿着前片上口边缉0.1cm+0.6cm双明线（图2-2-18）。

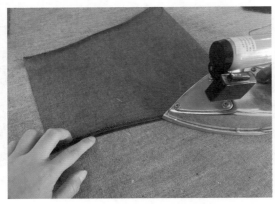

图2-2-15 熨烫前片两侧

图2-2-16 制作前片两侧

图2-2-17 熨烫前片上口

图2-2-18 制作前片上口

（5）缝合贴袋左片。将贴袋的左上正面与左下正面对叠，缝合1cm。缝合后将贴袋缝头倒向左下，在左下袋片正面压缉0.1cm+0.6cm双明线（图2-2-19）。

（6）拼合贴袋。贴袋左片正面与袋中片正面对叠，缝合1cm缝头。贴袋右片正面与袋中片正面对叠，缝合1cm（图2-2-20）。

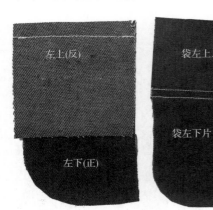

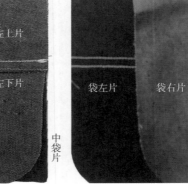

图2-2-19 缝合贴左袋片

图2-2-20 拼合贴袋

（7）贴袋压明线。两边的缝头朝袋中片坐倒，在袋中片正面缉0.1cm+0.6cm双明线

（图2-2-21）。

（8）缉袋角。沿口袋圆角处缉一圈0.3cm明线，并抽成圆角（图2-2-22）。

（9）熨烫贴袋。按照贴袋净样板模版，将口袋四周毛缝扣烫一圈（图2-2-23）。

（10）贴袋上口缉明线。将贴袋上口拉平，在上口边缉0.1cm+1cm双明线（图2-2-24）。

（11）缉贴袋。贴袋中线与前片中线对齐，沿贴袋四周缉0.1cm+0.6cm双明线一圈（图2-2-25）。

图2-2-21　贴袋压明线

图2-2-22　缉袋角

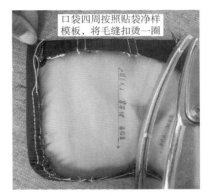

图2-2-23　熨烫贴袋上口边

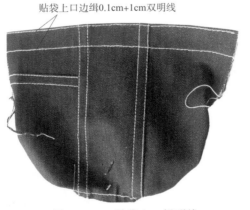

图2-2-24　贴袋上口缉明线

图2-2-25　缉贴袋

3. 做门襟

（1）缉门襟。将门襟贴边正面与裙片正面叠合，沿着门襟外口缉缝头1cm，注意两层缝头的层势要一致（图2-2-26）。

（2）缉门襟贴边。将门襟贴边翻正，缝份倒向贴边，然后沿着贴边内侧缉0.1cm明止口，要求贴边与裙片之间无层势，明止口要宽窄一致（图2-2-27）。

图2-2-26　绱门襟

图2-2-27　缉门襟贴边

（3）熨烫门襟贴边。将门襟贴边外口缝头扣转1cm熨烫，然后将门襟翻折到裙片反面熨烫牢固（图2-2-28）。

（4）缉门襟外口明线。沿门襟贴边外口缉0.1cm明止口，注意缉线要顺直，门襟贴边不能出现反吐现象（图2-2-29）。

图2-2-28　熨烫门襟贴边

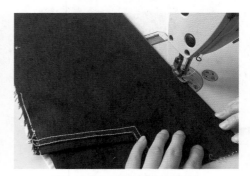

图2-2-29　缉门襟外口明线

（5）缉门襟里口明线。在离门襟3.5cm宽处缉平行线，缉线要顺直，门襟不可起涟形（图2-2-30）。然后将里襟制作好，里襟的缝制方法与门襟相同。

（6）固定门襟里襟。将门襟与里襟沿着标记位对齐，然后沿着门襟外口明线缉线固定（图2-2-31）。

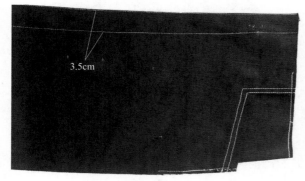

图2-2-30　缉门襟里口明线

图2-2-31　固定门襟里襟

4. 做、装腰头

（1）熨烫腰面。将腰头居中放好，按净样线尺寸，在腰面上画好净样线，并将腰面上口往反面熨烫1cm（图2-2-32）。

做、装腰头

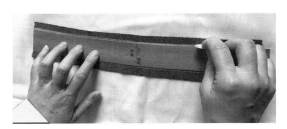

图2-2-32　熨烫腰面

（2）夹缉裙片。将裙片夹在腰面和腰里之间，三层一起按净样线缝合，距离腰口两端留出4cm不缉线，用于封口（图2-2-33）。

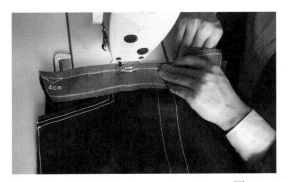
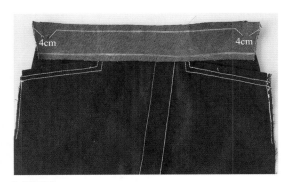

图2-2-33　夹缉裙片

（3）调整腰里腰面。将腰里腰面翻正，检查宽窄是否一致，将腰里缝头展开，腰面缝头熨烫牢固（图2-2-34）。

（4）缝合衣片与腰里。腰里正面与背带裙衣片反面对叠，两层缝合1cm缝头，距离腰口两端留出4cm不缉线，用于封口（图2-2-35）。

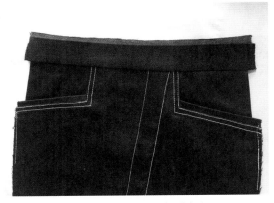

图2-2-34　调整腰里腰面　　　　　图2-2-35　缝合衣片与腰里

（5）腰头压明线。将背带裙正面翻出，从腰面正面封口处开始，四周缉0.1cm明线（图2-2-36）。

图2-2-36　腰头压明线

5. 缝制单嵌线挖袋

（1）定袋位、烫嵌线布。在袋位线的反面粘上纸衬，并在后裙片正面用汽消笔或者划粉画出袋位线（图2-2-37），再将嵌线布对折扣烫，在袋垫的反面及嵌线对折边画1.5cm宽的袋口线（图2-2-38）。

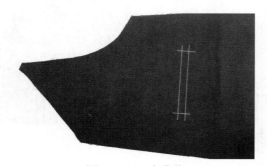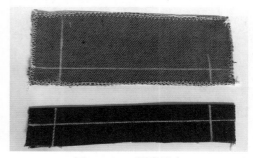

图2-2-37　定袋位　　　　　　　　　　　图2-2-38　烫嵌线布

（2）缉嵌线条。将扣烫好的嵌线布对折边朝下，嵌线布袋口线与裙片袋口线对准，两端要打回针（图2-2-39）。

（3）缉袋垫布。将袋垫布与裙片袋口线对准，沿着净样线缉线，两端要打回针，两条线间距1.5cm，且要平行（图2-2-40）。

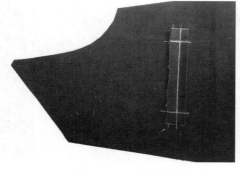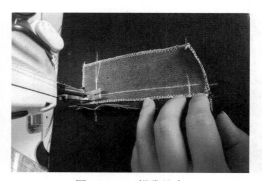

图2-2-39　缉嵌线条　　　　　　　　　　图2-2-40　缉袋垫布

（4）剪袋口。把嵌线布与袋垫布缝头掀开，从中间往两边剪，剪到两端距离1cm处时，要剪成倒Y形（图2-2-41）。

注意：剪三角要剪到位，不能不足，更不能剪断线。

图2-2-41　剪袋口

（5）封三角。将嵌条与袋垫布从袋口中翻到裙片的反面，将三角形拉出来，沿着三角形根部用来回针固定（图2-2-42）。

（6）缉袋口明线。将袋口整理平服，袋垫布翻正后，沿着袋口四周缉0.1cm明止口。要求袋口明线顺直，宽窄一致，不能出现漏落针（图2-2-43）。

 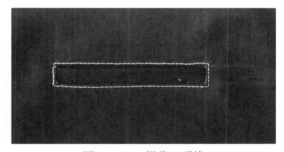

图2-2-42　封三角　　　　　　　　　　　　　图2-2-43　缉袋口明线

6. 缝制背带、后裙片

（1）缝合后中缝。后片中线锁边，缝头对齐，缝合1cm缝头，然后烫分开缝（图2-2-44）。

（2）后中缝压明线。后片缝头分开，后中线缉0.6cm明线（图2-2-45）。

 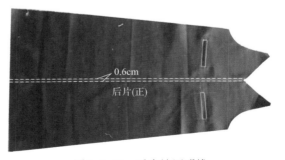

图2-2-44　缝合后中缝　　　　　　　　　　　图2-2-45　后中缝压明线

（3）缝合后片分割线。后裙片与分割部位正面对叠，沿分割线缝合1cm明线，缝合到后中缝位置开始转角，缝合成V字形（图2-2-46）。

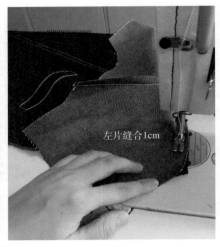

图2-2-46　缝合后片分割线

（4）后片分割线压明线。后片V字形分割部位缉0.1cm+0.6cm明线（图2-2-47）。

（5）制作后垫布下口。后片垫布下口锁边，往反面熨烫1cm，在正面缉0.6cm明线（图2-2-48）。

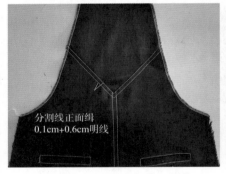

图2-2-47　后片分割线压明线　　　　　图2-2-48　制作后垫布下口

（6）熨烫背带、缝合背带。先将背带条两边往反面熨烫两次，每次0.6cm，底端往反面折烫0.5cm，将缝头扣光（图2-2-49），再在背带条正面缉0.1cm+0.6cm明线（图2-2-50）。

图2-2-49　熨烫背带　　　　　　　　图2-2-50　缝合背带

（7）固定背带。将背带条对准标记位，缉0.5cm线条固定（图2-2-51）。

（8）缝合后片垫布。后片垫布与裙片正面相叠，沿后裙片上口三边绲1cm缝头缝合（图2-2-52）。

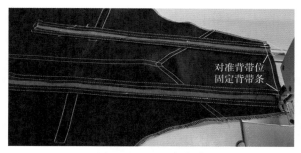
图2-2-51 固定背带

图2-2-52 缝合后片垫布

（9）后裙片压明线。将后片垫布翻到后裙片的反面，在袖窿上口正面三边绲0.1cm+0.6cm双明线（图2-2-53）。

图2-2-53 后裙片压明线

7. 缝制侧缝、底边

（1）做里襟、锁边。将里襟反面对折，沿着里襟上口绲缝份1cm。然后将里襟翻至正面，将里襟侧边及下口的缝份锁边（图2-2-54、图2-2-55）。

图2-2-54 做里襟

图2-2-55 锁边

（2）缝侧缝。将前后裙片正面相叠，侧缝对齐，再将里襟放至前裙片上面，注意里襟与后腰口起针处要对齐（图2-2-56）。

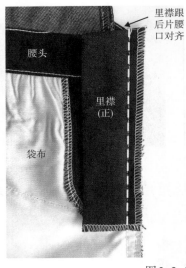 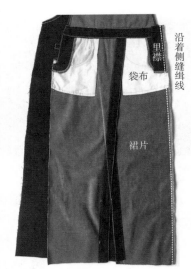

图2-2-56 缝侧缝

（3）缝侧缝明止口。将裙片翻至正面，从后片腰口往下沿着侧缝缉缝0.2cm明止口，缉至袋布底（图2-2-57）。

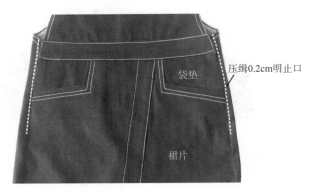

图2-2-57 缝侧缝明止口

（4）熨烫底边。将裙摆底边缝份先往反面熨烫1cm，再往反面熨烫2cm（图2-2-58）。

图2-2-58 熨烫底边

（5）缉底边。裙摆底边卷边后，在反面压缉0.1cm，然后熨烫平服。明线要求缉线均匀、无断线（图2-2-59）。

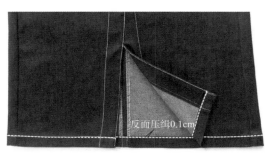

图2-2-59 缉底边

（6）全面整烫。背带裙整体熨烫，使裙子外观自然平服、整洁，造型美观，不变形、无皱褶、无焦黄、无水花、无极光（图2-2-60）。

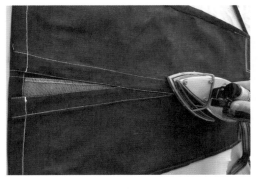

图2-2-60 熨烫

8. 成品

背带裙完成制作。

◎ 巩固训练

1. 请写出企业生产背带裙的工艺流程。

2. 请根据表2-2-1制作一件M码的背带裙。

◎ 任务要求与任务评价（表2-2-3）

表2-2-3 背带裙缝制工艺任务评价表

序号	内容	标准与分值	自评	互评	师评	企业或客户评	备注
1	规格	符合成品规格尺寸（10分）					
2	前裙片、门里襟	前裙片门里襟相搭长度为26cm，丝缕归正，顺直、平服（10分）					
3	背带	背带宽3cm，长短一致、宽窄一致，定位准确（5分）					
4	腰头	前片门襟相搭长度为26cm，不能起拱，要顺直（10分）					
5	腰头	腰头宽窄一直，装腰头平服，无涟形、缉线要顺直（5分）					
6	单嵌线前挖袋前胸贴袋	两种袋子做法跟板，袋口压1/4双线，线距跟板，不能跳针或有接线（15分）					
7	后裙片单嵌线后挖袋	后裙片袋位扫粉，飞机位后浪埋夹，飞机位包裙身压1/4双线；单嵌线挖袋平整，袋口方正、袋角无褶裥、无毛出，嵌线宽窄一直（15分）					
8	裙底摆	平服、底边宽窄一致，辑线顺直（10分）					
9	打枣	拉链、口袋封口处打枣，打枣一定要饱满，位置一定要准确（10分）					
10	车缝线	底面线松紧适宜，无串珠，无起涟，面线无驳线。针距1英寸8针，及骨1英寸11针，全件不能驳线（10分）					
11	整烫	无焦黄、无极光、无水花（10分）					
合计							

◎ 知识拓展　抹胸式背带裙（上衣部分）缝制工艺

1. 成品款式

抹胸式背带裙（上衣部分）成品如图2-2-61所示。

图2-2-61　抹胸式背带裙（上衣部分）

2. 制作规格（表2-2-4）

表2-2-4　制作规格　　　　　　　　　　　　单位：cm

部件	胸围	腰围	前衣长	背带长	背带宽
规格	92	68	25	35	4

3. 材料准备

前造型片面×1、前造型片里×1、后中片×1、后侧片×1、前中片×1、前里贴×1、后里贴×2、吊带×2、前扣衬×2。

4. 工艺流程

做缝制标记→缝制门襟→缝制后衣片→收省→缝合侧缝→缝制背带→拼接领口贴边→缝制领口→缉贴边明止口

5. 缝制方法与步骤

（1）做缝制标记。抹胸式背带裙（上衣部分）各部件主要纸样，并将相对重要部件做出缝制标记（图2-2-62）。

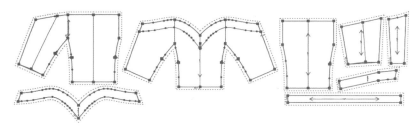

图2-2-62　抹胸式背带裙（上衣部分）裁片

（2）缝制门襟。将前造型片与门襟正面叠合，沿着衣片上口及前中缝制1cm缝份，然后将门襟翻转到衣片的反面（图2-2-63）。

图2-2-63　缝制门襟

（3）缝制后衣片。将后中片与后侧片正面叠合，分隔缝对齐，缉1cm缝份，然后拷边（图2-2-64）。

（4）收省。将前衣片和前造型片的腰省缝份对齐，缝合0.8cm缝份，注意省尖位置要缉尖（图2-2-65）。

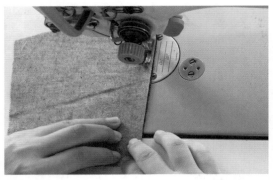 

图2-2-64 缝制后衣片

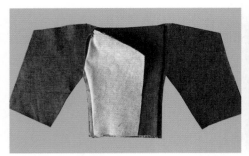  

图2-2-65 收省

（5）缝合侧缝。将前后衣片侧缝对齐，正面叠合，缉1cm缝份（图2-2-66）。

图2-2-66 缝合侧缝

（6）缝制背带。将背带面与背带里正面叠合，沿两侧及前端缉缝头1cm，然后将背带翻至正面朝外，缉0.1cm+0.6cm双明线，注意止口不能反吐，明线要顺直，宽窄一致（图2-2-67）。

（7）拼接领口贴边。将前后领口贴边拼接缝合，贴边外口锁边（图2-2-68）。

（8）缝制领口。将背带与前扣袢放置在领口标记位置，然后将贴边与衣片领口对齐，正面叠合，缝1cm缝份（图2-2-69）。

图2-2-67 缝制背带

图2-2-68 拼接领口贴边

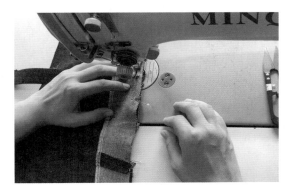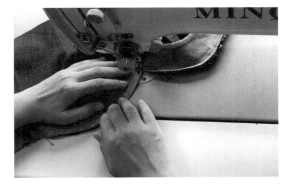

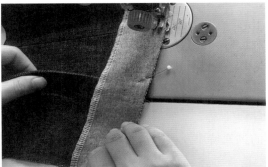

图2-2-69 缝领口贴边

（9）缉贴边明止口。将领口缝份倒向贴边，沿着贴边内侧缝0.1cm明止口。缉线过程中要将衣片和贴边往两边张开，以免有层势，缉线要顺直，宽窄一致（图2-2-70）。

图2-2-70　缉贴边明止口

（10）完成抹胸式背带裙成品（图2-2-71）。

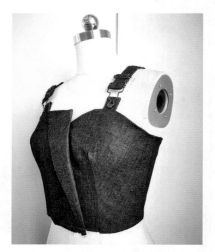

图2-2-71　抹胸式背带裙成品图

任务三　牛仔连衣裙缝制工艺

◎ **任务导入**

某服装公司接到牛仔连衣裙生产工艺单（表2-3-1），要求根据其提供的效果图和尺寸，制作牛仔连衣裙M码的样衣，再进行批量生产。

◎ **任务要求**

1. 了解牛仔连衣裙的款式特点及各部位的生产质量要求，掌握连衣裙的缝制工艺方法及技巧。

2. 培养独立思考、认真观察及自主解决问题的能力，养成良好的学习习惯。

表2-3-1 牛仔连衣裙工艺生产单

客户				原版号		XXY321N	款号		MUTXXK0305	下单日期	
主面	GT71蓝色			款式		连衣裙	数量		500件	出货日期	
号型	XS	S	M	L	XL	合计	用量			床数	
数量/件	50	125	150	125	50	500	缩水率		长5%,宽3%	布料成分	97%棉3%氨纶
要求：要先松布后裁，单双牌锁边							实裁数		3%，515件		
							布封		57英寸		

洗水前辅料				洗水后辅料			
名称	规格数量	名称	规格数量	名称	规格数量	备注	
面线	608浅黄	洗水唛/尺码	数字织唛	拉链	1	5号YKK金属铜闭尾拉链	
底线	604浅黄+宝蓝	主唛+小尺码	有	水钻花	26	手工固定于贴袋上	
及骨三线	803宝蓝	四方唛	有	合格证	1	贴空白吊牌上	
及骨五线	604宝蓝	旗唛	无	拷贝纸	1	后幅对折中间	
打枣线	跟板	横唛	无	小胶袋	45cm×35cm	小胶袋上贴条形码	

洗水后尺寸/cm						洗水前尺寸/cm					
码数	XS	S	M	L	XL	码数	XS	S	M	L	XL
裙长	81	82.5	84	85.5	87	裙长	85.5	86.7	88.2	89.8	91.4
肩宽	32	33	34	35	36	肩宽	33	34	35	36.1	37.1
胸围	78	81	84	87	90	胸围	80.3	83.4	86.5	89.6	92.7
腰围	62	65	68	71	74	腰围	63.9	67	70.1	73.1	76.2
下摆围	182	186	190	194	198	下摆围	187.6	191.6	195.7	199.8	203.9
领围	44	45	46	47	48	领围	45.3	46.4	47.4	48.4	49.4
腰节长	34	34.5	35	35.5	36	腰节长	35.7	36.2	36.7	37.2	37.8

车间生产工艺要求（跟板与制单，核实后再开大货）：

1. 领口、袖窿装贴边，领口2cm处绺双明线，袖窿3cm处绺双明线

2. 前袋做法跟板，袋口压1/4双线，线距跟板不可驳线

3. 前后公主缝缝份倒向中间，压0.2cm明线，其他制作全跟板

4. 侧缝平缝，缝头1cm

5. 裙脚接贴边，距离底边4cm车双明线，跟板

6. 后中装闭尾拉链，闭尾朝下，装拉链要平整，无拱起

7. 针距1英寸8针及骨1英寸11针，全件不能驳线

8. 车缝线：底面线松紧适宜无串珠无起涟，面线无驳线

后整工艺要求：

1. 单件单码装箱、每箱50件，外用封箱胶密封；要装结实，并注明货号、码数、数量并打井字包装带

2. 线头必须清理干净，熨烫要平整，打纽要牢固

正面

背面

生产车间	×车间×组	跟单		审核		主管	

3. 通过小组合作，培养团队合作意识、创新能力、分析问题和解决问题的能力。

4. 通过对这一项目的实施，培养精益求精、追求卓越的工匠精神。

5. 根据生产单要求，按时完成工作任务，养成高效的工作习惯。

◎ **任务实施**

一、样衣分析

1. 款式特点

此款牛仔连衣裙圆领、无袖，前后采用刀背弧线分割，前片裙摆处装方形口袋两个；裙摆有拼接缉双明线，后背中缝分割上端装拉链，在分割线中收省处理胸腰差，外形上起到了突出胸部、收紧腰部和扩大裙摆的作用。前幅两侧各有一个大袋子，在袋子上打水晶撞钉装饰，领口、袖窿贴边3cm，底摆贴边4cm在贴边内侧均缉双明线，宽度为0.2～0.7cm，如图2-3-1所示。

图2-3-1 牛仔连衣裙工艺说明图

2. 裁片数量 (图2-3-2)

前中片×1，前侧片×2，后中片×2，后侧片×2，袋布×2，前领贴×1，拉链×1，后领贴×2，前底边贴边×1，后底边贴边×1，前袖窿贴边×2，后袖窿贴边×2。

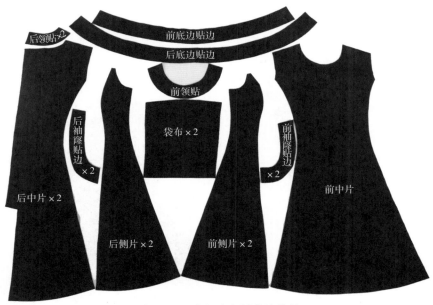

图2-3-2 牛仔连衣裙裁片数量

3. 制作规格（表2-3-2）

表2-3-2 牛仔连衣裙的制作规格 单位：cm

号型	裙长	肩宽	胸围	腰围	下摆围	领围
160/80A	84	34	84	68	190	46

二、缝制工艺流程

缝制前裙片→缝制后裙片→装拉链→缝合肩缝、侧缝→缝领圈、袖窿→缝贴袋、裙摆底边→整烫

三、缝制方法与步骤

1. 缝制前裙片

（1）缝合前中片与前侧片。将前中片和前侧片的正面与正面相叠，刀背缝对齐，缉1cm缝头，然后拷边（图2-3-3）。

（2）压缉刀背缝。扣光止口后缉0.2cm明线（图2-3-4），完成两边的刀背缝（图2-3-5）。

2. 缝制后裙片

（1）缝合后中片与后侧片。将后中片和后侧片的正面与正面相叠，刀背缝对齐，缉1cm缝头，然后拷边（图2-3-6）。

缝制前裙片

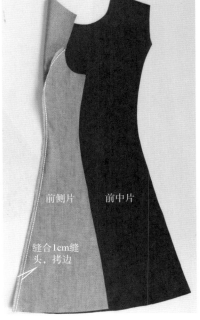

图2-3-3 缝合前中片与前侧片

（2）压缉后刀背缝。扣光止口后缉0.2cm明线（图2-3-7）。

（3）缝合后裙片。将后中片正面与正面叠合，将后中缝从里襟底端往上3cm位置至裙摆缝合1cm缝头（图2-3-8）。

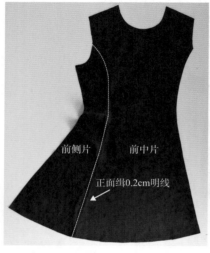

图2-3-4　压缉刀背缝的双明线　　　　　图2-3-5　压缉两边的刀背缝

图2-3-6　缝合后中　　　　图2-3-7　压缉后刀背缝　　　　图2-3-8　缝合后裙片
片与后侧片

3. 装拉链

（1）固定右后中片与拉链。将拉链和裙片的正面与正面相叠，拉链开口朝上，沿着拉链布缉线1cm（图2-3-9）。

（2）固定左后中片与拉链。拉链布与后中缝对齐，在后中净缝线上缉线（图2-3-10）。

（3）压里襟明线。将裙片与拉链翻至正面，沿着右后中裙片压0.2cm明线（图2-3-11）。

（4）压门襟明线。将左后中片摆放平整，沿着门襟往里2cm缉明线，封口处也一起缉线固定，收尾要倒针（图2-3-12）。

拉链面与后中片正面叠合，缉线1cm

后中片　后侧片

图2-3-9　固定右后中片与拉链

拉链布与后中缝对齐，在后中净缝线上缉线

后侧片　后中片

图2-3-10　固定左后中片与拉链

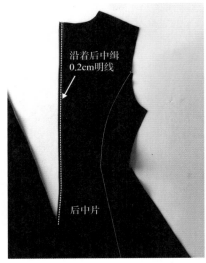

沿着后中缉0.2cm明线

后中片

图2-3-11　压里襟明线

2cm

图2-3-12　压门襟明线

4. 合肩缝、侧缝

（1）缝合肩缝。将前后裙片的肩缝对齐，正面与正面相叠，缉缝头1cm，然后拷边（图2-3-13）。

（2）缝合侧缝。将前后裙片的侧缝对齐，正面与正面相叠，缉缝头1cm，然后拷边（图2-3-14）。

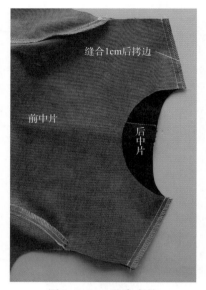

图2-3-13　缝合肩缝　　　　　图2-3-14　缝合侧缝

5. 缝领圈、袖窿

（1）缝合领贴。将前后领圈肩缝对齐，正面与正面相叠，缉1cm缝份，然后烫分开缝（图2-3-15）。

（2）熨烫领贴。将前后领贴外口折烫1cm（图2-3-16）。

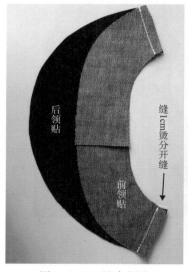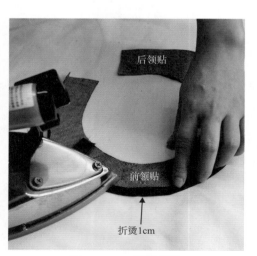

图2-3-15　缝合领贴　　　　　图2-3-16　熨烫领贴

（3）缝合领圈。将后领贴边包住拉链反折1.5cm，缉线1cm（图2-3-17）。

（4）压领圈明线。将领圈贴边翻至里面，沿着领贴止口绲0.6cm宽的双明线（图2-3-18）。

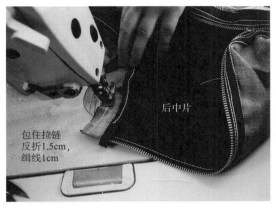

图2-3-17　缝合领圈

图2-3-18　压领圈明线

（5）缝合袖窿贴边。将前后领圈肩缝对齐，正面与正面相叠，绲1cm缝份，然后烫分开缝（图2-3-19）。

（6）熨烫袖窿贴边。将前后领贴外口折烫1cm（图2-3-20）。

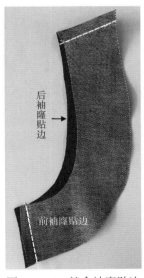
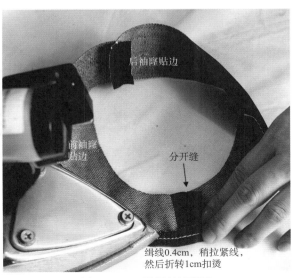

图2-3-19　缝合袖窿贴边　　　　图2-3-20　熨烫袖窿贴边

（7）缝合袖窿。将袖窿贴边与袖窿对齐，正面与正面相叠，缉线1cm（图2-3-21）。

（8）压袖窿明线。将袖窿贴边翻到衣服反面，沿着领贴止口缉0.6cm宽的双明线（图2-3-22）。

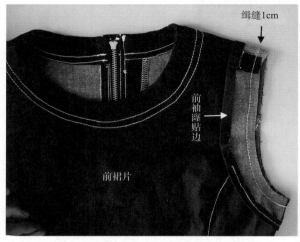

图2-3-21　缝合袖窿

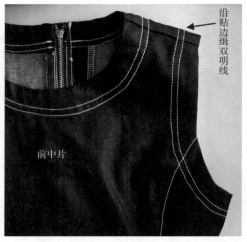

图2-3-22　压袖窿明线

6. 缝贴袋、裙摆底边

（1）熨烫贴袋。将贴袋上口反折2次，净宽1cm（图2-3-23）。

（2）缝贴袋上口。将贴袋上口缉0.1cm+0.6cm双明线，然后将贴袋两侧缝份反折熨烫（图2-3-24）。

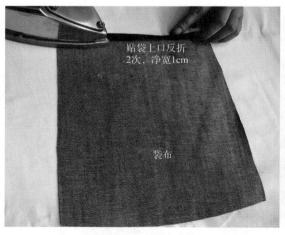

图2-3-23　熨烫贴袋

图2-3-24　缝贴袋上口

（3）缝合底边贴边。将前后裙摆贴边两端缝合，再将贴边内口折转1cm扣烫（图2-3-25）。

（4）固定贴袋下口。将贴袋放置到袋位，沿着贴袋下口缉0.5cm（图2-3-26）。

拼合前后裙摆贴边，
再将贴边内口折转1cm扣烫

图2-3-25 缝合底边贴边　　　　　　　　　图2-3-26 固定贴袋下口

（5）固定底摆与贴边。将前后贴边和裙片底边的正面与正面相叠，缝份对齐，沿着底边绲1cm缝份（图2-3-27）。

（6）压底摆贴边明线。将贴边翻到裙子里面，沿着裙摆贴边止口绲0.6cm宽的双明线（图2-3-28）。

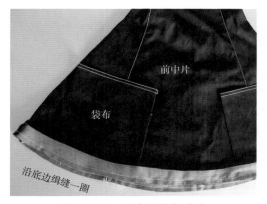

图2-3-27 固定底摆与贴边　　　　　　　　图2-3-28 压底摆贴边明线

（7）绲贴袋明线。将贴袋放置袋位，沿着贴袋两侧绲缝0.1cm明线（图2-3-29）。

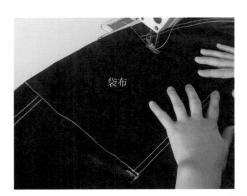

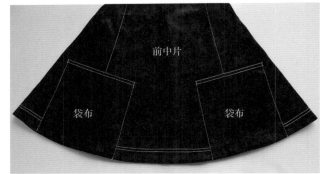

图2-3-29 绲贴袋明线

7. 整烫

用蒸汽熨斗将连衣裙的裙底摆、前裙片、后裙片、拉链、侧缝等部位进行全面的熨烫（图2-3-30）。

图2-3-30　整烫

8. 成品

牛仔连衣裙完成制作。

◎ 巩固训练

1. 写出企业生产牛仔连衣裙的工艺流程。

2. 根据牛仔连衣裙工艺生产单（表2-3-1）制作一件牛仔连衣裙的M码样衣。

◎ 任务要求与任务评价（表2-3-3）

表2-3-3　牛仔连衣裙缝制工艺任务评价表

序号	内容	标准与分值	自评	互评	师评	企业或客户评	备注
1	规格	符合成品规格尺寸（10分）					
2	领口	领口平服，领圈明线圆顺，宽窄一致，领口贴边不反吐（10分）					
3	袖窿	袖窿平服，袖窿双明线圆顺，宽窄一致，贴边不反吐（10分）					
4	前裙片	前刀背缝平服，不能起拱，要顺直（10分）					
5	后裙片	后刀背缝平服，不能起拱，要顺直（10分）					
6	拉链	装拉链平服，拉链绲线整齐，进出一致，松紧适宜（15分）					
7	锁边	锁边三线，裙片分割处压绲0.1cm（5分）					
8	贴袋底边	贴袋做法跟板，不能有跳针或接线，裙摆底边平服，双明线顺直、宽窄一致（10分）					
9	车缝线	底面线松紧适宜，无串珠，无起涟，面线无驳线。针距1英寸8针，及骨1英寸11针，全件不能驳线（10分）					
10	整烫	各部位熨烫平服，无焦黄、无极光、无水花、无线头，成品整洁美观（10分）					
合计							

◎ 知识拓展　有袋盖风琴袋缝制工艺

1. 成品款式

有袋盖风琴袋成品款式如图2-3-31所示。

图2-3-31　有袋盖风琴袋

2. 制作规格（表2-3-4）

表2-3-4 制作规格

单位：cm

部件	袋盖高	袋盖宽	贴袋下宽	贴袋高	贴袋条
规格	7.5	19	29	22	63

3. 材料准备

袋盖×2，贴袋布×1，贴袋条×1。

4. 工艺流程

核对风琴袋纸样和部件尺寸→做缝制标记→缝制袋盖→压缉袋盖明线→收贴袋褶裥→烫贴袋→缝贴袋口→缝合贴袋与贴袋条→装贴袋→装袋盖

5. 缝制方法与步骤

（1）核对风琴袋纸样和部件主要尺寸。根据款式要求做出相应的纸样，并将相对重要部件尺寸在图中标出（图2-3-32）。

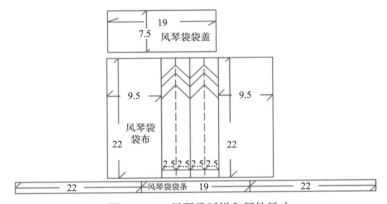

图2-3-32 风琴袋纸样和部件尺寸

（2）做缝制标记。将纸样平摆在面料裁片上，在定位纸样上穿孔扫粉，确定袋盖、贴袋定位（图2-3-33）。

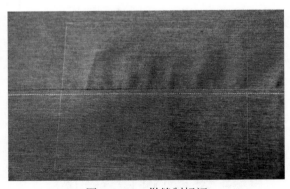

图2-3-33 做缝制标记

（3）缝制袋盖。将袋盖面与袋盖里正面相叠，缉缝头1cm，然后将缝头修剪成0.5cm，再将袋盖翻至正面熨烫平整（图2-3-34）。

图 2-3-34　缝制袋盖

（4）压缉袋盖明线。袋盖面朝上，沿着袋盖正面压缉0.8cm明线（图2-3-35）。

图 2-3-35　压缉袋盖明线

（5）收贴袋褶裥。将贴袋褶裥位置画好，然后将贴袋裁片对折，沿着褶裥位缉线3cm长，注意要倒针（图2-3-36）。

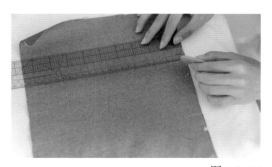

图 2-3-36　收贴袋褶裥

（6）烫贴袋。将贴袋褶裥按照标记熨烫平整，本贴袋为暗褶裥贴袋（图2-3-37）。

图 2-3-37　烫贴袋

（7）缝贴袋口。将贴袋四周拷边，再将袋口折烫2.5cm，缉2cm明线，袋唇压烫和袋唇压线（图2-3-38）。

图2-3-38　缝贴袋口

（8）缝合贴袋与贴袋条。将贴袋带条两端缝头反折2.5cm，缉线固定，再将贴带条与贴袋缝头对齐，正面叠合，缉1cm缝头（图2-3-39）。

图2-3-39　缝合贴袋与贴袋条

（9）装贴袋。为了使风琴袋更有支撑效果，在风琴袋边正面压0.1cm线。然后将贴袋条另一边缝头折烫，放置在贴袋位置上，将贴袋与裤片固定，压缉0.1cm明止口，然后将袋口两端固定（图2-3-40）。

图2-3-40　装贴袋

（10）装袋盖。将袋盖里朝上，袋盖净样线与袋位对齐，沿着净样线缉线固定袋盖，然后将袋盖翻折下来盖住贴袋，沿着贴袋压缉0.5cm明线（图2-3-41）。

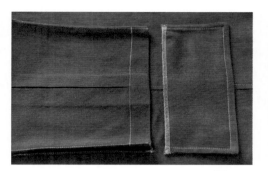

图2-3-41 装袋盖

（11）完成成品。

○ 项目三 / 牛仔裤缝制工艺

◎ 项目概述

　　牛仔裤最早是美国西部早期垦拓者穿着的工装裤，一般由前裤片、后裤片、裤腰头、口袋四部分组成。牛仔裤的面料一般以纯棉蓝色粗斜纹布为主。

　　牛仔裤具有耐磨、耐脏，穿着贴身、舒适等特点，属于百搭服装，是一年四季永不过时的"明星"服装。现代的牛仔裤有多元化、时装化、休闲化的发展趋势。从最早的经典直筒型牛仔裤，发展出修身、小脚口、小直筒、裤裙、连体、复古、喇叭式等各种板型；面料和花色也越来越多；辅料上也增加了大量的配饰，如五金、皮革、针织、色布拼接等。

◎ 思维导图

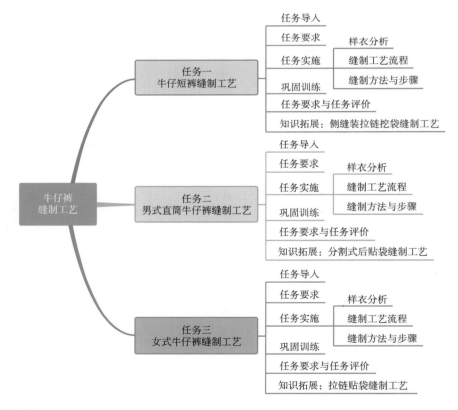

◎ 学习目标

　　本项目通过市场调研，以最受大众欢迎和企业生产制单最多的几款牛仔裤为例，使学生学会牛仔短裤、男式牛仔直筒裤、女式牛仔裤的缝制工艺和制作技巧，并通过装袋、挖袋和装拉链等一些局部的拓展学习，使学生能够灵活运用缝制工艺，更全面地掌握各类牛仔裤的制作方法，不断创新。

素养目标

1. 通过分析生产单，培养学生的质量意识；按质按量完成各个项目任务，使学生养成严谨细致的工作态度。

2. 通过反复的学习和实践，培养学生爱岗敬业、精益求精、创新创造、吃苦耐劳的精神。

3. 通过项目教学，让学生对所学内容有系统的理解、思考与实践，提高学生的独立思考和动手的能力。

4. 通过学习牛仔短裤、男式直筒裤、女式牛仔裤的缝制方法，使学生理论与生产实践相结合，在做中学、学中做，为社会做出贡献。

知识目标

1. 掌握牛仔短裤、男式直筒裤、女式牛仔裤的缝制工艺方法和技巧。

2. 掌握牛仔裤挖袋、贴袋、拉链的制作技巧，并学会拓展和变化，进行创新。

3. 熟悉各类牛仔裤的裁片数量、纱向及面辅料的裁配方法。

4. 掌握各类牛仔裤的质量要求。

5. 了解牛仔裤各个部位的制作尺寸，掌握牛仔裤成品尺寸测量技巧和要求。

技能目标

1. 能根据工厂制单解读生产要求，分析生产单，根据制单要求，按质按量完成各个项目任务。

2. 能根据牛仔裤制作方法，编写和制定工艺流程。

3. 能全面分析牛仔短裤、男式直筒裤、女式牛仔裤的款式特点。

4. 会根据裤装质检标准对各类牛仔裤装产品进行检测、评价。

5. 能安全、规范的操作各类机器设备进行服装加工生产，了解机器性能，自主解决简单的机器故障。

任务一　牛仔短裤缝制工艺

◎ 任务导入

某服装企业收到女式牛仔短裤生产工艺单，提供了效果图和尺寸，要求先制作一件M码牛仔短裤，具体制作要求详见表3-1-1。

表3-1-1　牛仔短裤工艺生产单

客户				款号			NY819120	下单日期		
主面	UKN783蓝色			款式	牛仔短裤		数量	1000件	出货日期	
号型	XS	S	M	L	XL	合计	用量		实裁数	3%，1030件
数量/件	100	250	300	250	100	1000	缩水率	长4%，宽12%	布料成分	95%棉5%氨纶
要求：先松布后裁，单双牌锁边							布封	144.75cm（57英寸）袋布	白色	

洗水前辅料				洗水后辅料		
名称	规格数量	名称	规格数量	名称	规格数量	备注
面线	608浅蓝	洗水唛/尺码	数字织带	纽	红古铜2cm空心纽×1	里襟腰头
底线	608浅蓝608宝蓝	主唛/小尺码	有	撞钉	0.6cm红古铜钉×4	无
锁边三线	803宝蓝	四方唛	无	吊牌	1	挂左前裙片耳仔上
锁边五线	604宝蓝	横唛	无	合格证	1	贴在白吊牌上
打枣线	跟板	旗唛	无	拷贝纸	MUT（客供）	后裙片对折中间
凤眼线	跟板	长唛	无	小胶袋	55mm×45mm	小胶袋上贴条形码

洗水后尺寸/cm						洗水前尺寸/cm					
码数	S	M	L	XL	XXL	码数	S	M	L	XL	XXL
内长	6.5	6.5	6.5	6.5	6.5	内长	6.8	6.8	6.8	6.8	6.8
腰围	61	63.5	66	68.5	71	腰围	69.3	72.2	75	77.8	80.7
臀围	79	81.5	84	86.5	89	臀围	89.8	92.6	95.5	98.3	101.1
脚口	40	42.5	45	47.5	50	脚口	45.5	48.3	51.1	54	56.8
直裆深	19.5	20	20.5	21	21.5	直裆深	20.3	21	21.4	21.9	22.4
腰高	4	4	4	4	4	腰高	4.2	4.2	4.2	4.2	4.2

车间生产工艺要求：

1.三线：单双利与前袋贴；五线：髀骨浪底

2.前右袋衬双线小表袋，前袋环口双针，来回针车袋底

3.右前中落拉链车1/16单线

4.双针车右拉链明线，链牌宽为11/2

5.单针1/16线埋上浪，双针埋下浪

6.埋夹：机头包裤身，后浪左包右

7.双针贴后袋，后袋口环口1/4，单针；耳仔打套结，平车装裤头，单针封咀

正面

背面

◎ 任务要求

1. 了解牛仔短裤的款式特点，掌握牛仔短裤的缝制方法及技巧。
2. 根据生产单要求，按时完成工作任务，培养高效工作的习惯。
3. 采用小组合作模式，进行任务驱动式学习，培养团队合作意识及自主学习能力。
4. 通过实践牛仔短裤的缝制方法，培养理论与实践相结合的思维，提高动手能力。

◎ 任务实施

一、样衣分析

1. 款式特点

此款牛仔短裤装腰头，前中装铜拉链，前片两个月儿弯袋，后片两个贴袋，袋口搭配花格布装饰，后片机头分割，腰头装五根耳仔，各部位缉0.1cm+0.6cm双明线，前中腰头一枚工字扣，前后袋口打枣封口，袋角打钻钉，洗水工艺与风格相搭配，主要采用石磨、酵洗加马骝等洗水工艺，如图3-1-1所示。

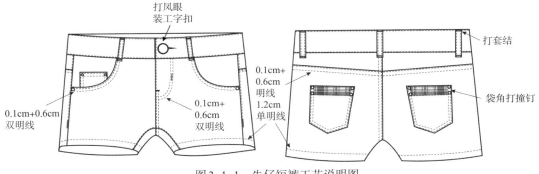

图3-1-1　牛仔短裤工艺说明图

2. 裁片数量（图3-1-2）

前裤片×2，后裤片×2，袋垫×2，表袋×1，袋布×2，门襟×1，里襟×1，拉链×1，机头×2，后贴袋×2，后袋条×2，弯腰头×2，耳仔×1。

3. 制作规格（表3-1-2）

表3-1-2　牛仔短裤的制作规格　　　　　　　　　　　　　　　　单位：cm

号型	内长	腰围	臀围	脚口	直裆深	腰高
165/68A	6.5	66	84	45	20.0	4

二、缝制工艺流程

前弯袋制作→缉门里襟、装拉链和合小裆→拼机头、合后裆缝→做、装后贴袋→合内裆缝→合外侧缝→装腰头→缝脚口→缝耳仔→钉钮、打枣（套结）、锁眼→整烫

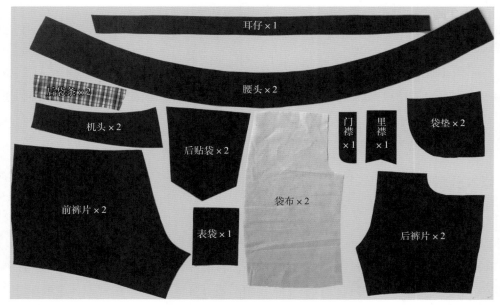

图 3-1-2　裁片数量

三、缝制方法与步骤

1. 缝制前弯袋

（1）熨烫表袋上口。表袋上袋口往反面折烫两次，宽度为 1cm（图 3-1-3）。

（2）缉表袋袋口。扣光止口后袋口缉 0.1cm+0.6cm 双明线（图 3-1-4）。

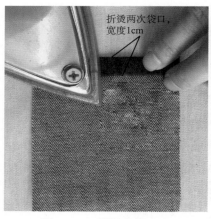

图 3-1-3　熨烫表袋上口

图 3-1-4　缉表袋袋口

（3）熨烫表袋。表袋两侧往反面熨烫 1cm 缝头，然后在右袋垫上做好装袋标记（图 3-1-5）。

（4）缉表袋。将表袋对准装袋标记，沿着表袋两侧缉 0.1cm+0.6cm 双明线，注意缉线要顺直，宽窄一致，不可出现断线情况，然后将袋垫布弧线部分拷边（图 3-1-6）。

图3-1-5　熨烫表袋　　　　　　　　　　图3-1-6　缉表袋

（5）缉袋垫。将袋垫布反面与袋布反面对叠，在袋垫布正面，沿拷边弧线缉0.5cm，固定袋垫布与袋布（图3-1-7）。

图3-1-7　缉袋垫

（6）袋底缝合。袋底中线对折，用来去缝在袋底反面缉0.5cm缝头后，将袋布正面翻出，然后在袋底正面缉0.8cm止口（图3-1-8）。

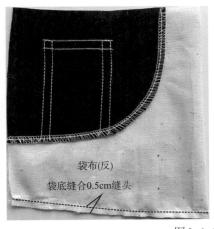

图3-1-8　袋底缝合

（7）缝合袋口。将袋布袋口与裤片袋口对齐，袋布反面与裤片正面相叠，沿着袋口缝合1cm缝头（图3-1-9）。

（8）修剪袋口。将袋口缝头修剪成0.5cm，并在弯位处打剪口，以便使袋布翻出反面后袋口依旧平服（图3-1-10）。注意打剪口切勿剪断缝合线，需要距离缝合线0.3cm左右。

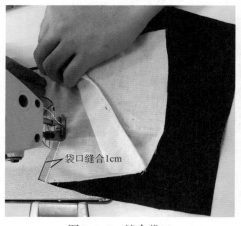

图3-1-9　缝合袋口

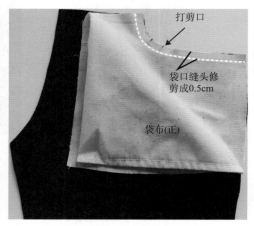

图3-1-10　修剪袋口

（9）缉袋口明线。将袋布翻到裤片反面，在裤片正面缉0.1cm+0.6cm明线，注意缉线顺直、宽窄一致，止口不外吐（图3-1-11）。

（10）固定袋口。将袋口与装袋标记位对齐，沿着腰口和侧缝缉0.5cm，将袋口固定在袋垫布上（图3-1-12）。

图3-1-11　缉袋口明线

图3-1-12　固定袋口

2. 缉门里襟、装拉链和合小裆

（1）固定拉链与门襟。门襟弯位拷边，将拉链正面与门襟正面对叠，拉链下口距离门襟下口边0.5cm左右，横向居中弯位边缘缉双明线固定（图3-1-13）。

（2）缝合门襟与裤片。将门襟正面与裤片正面对叠，在反面缝合1cm缝头，注意将拉链掀开，不要缝住拉链（图3-1-14）。

（3）缉门襟明线。将门襟翻到裤片反面，在裤片正面止口处缉0.1cm明线，注意不要缉住拉链，止口不外吐，然后在门襟距离止口3cm处，从上至下缉压0.1cm+0.6cm明线，并沿门襟形状缉成弯位，下口将线头留长，可塞进小裆，以免线头脱落。注意明线要圆顺，宽窄要一致（图3-1-15）。

图3-1-13　固定拉链与门襟

图3-1-14　缝合门襟与裤片

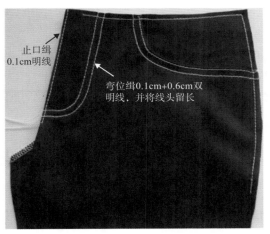

图3-1-15　固定拉链与门襟

（4）缉里襟。将里襟反面对折，沿着底部缉1cm缝头，然后翻到正面，将里襟缝份拷边（图3-1-16）。

（5）固定里襟与拉链：先将拉链固定在里襟上，然后将右裤片前小裆向反面折1cm的缝份（图3-1-17）。

装拉链

（6）缝合里襟与右裤片。将里襟底端与门襟底端对齐，左右裤片的裤腰对齐，右裤片裆缝覆盖在里襟拉链上，缉0.1cm明线固定里襟、拉链布和右前片。然后在拉链齿处向下1cm处，在右裤片上剪1cm剪口后，将缝头翻出（图3-1-18）。

（7）缝制前小裆。将留的长门襟明线线头藏于左前片的反面，左前小裆弯位按1cm缝份往反面折转（图3-1-19）。

（8）合小档。将左前片弯档缝覆盖住右前片弯档缝，从裤子正面前弯档尾端起绱0.1cm明线，车缝至门襟双明线往上1cm处掉头往回绱0.6cm的明线，要求明线顺直，宽窄一致（图3-1-20）。

图3-1-16 绱里襟

图3-1-17 固定里襟与拉链

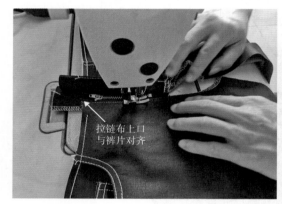

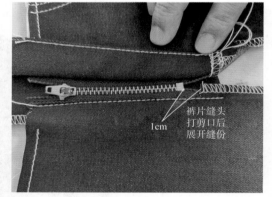

图3-1-18 缝合里襟与右裤片

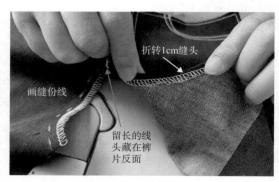

图3-1-19 缝制前小档

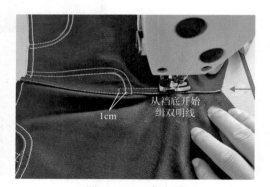

图3-1-20 合小档

3. 拼机头、合后档缝

（1）缝合机头与后裤片。机头正面与后裤片正面对叠，沿分割弧线缝合1cm缝头后，拷边。再将缝头倒向脚口，在后裤片正面绱0.1cm+0.6cm双明线，注意绱线顺直，宽窄一致（图3-1-21）。

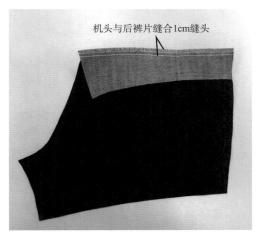

图3-1-21　缝合机头与后裤片

（2）缝合后裆缝。将后裤片正面与正面对叠，后裆缝对齐，在反面缝合1cm缝头后，拷边。缝头倒向左裤片，在左裤片正面缉0.1cm+0.6cm双明线，注意机头缝合处十字缝对齐，缉线顺直（图3-1-22）。

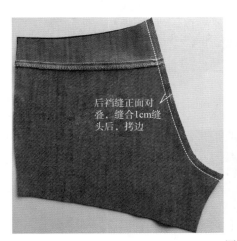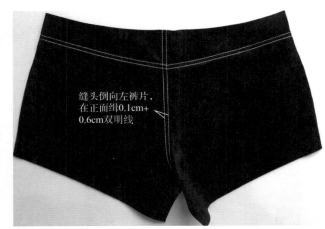

图3-1-22　缝合后裆缝

4. 做、装后贴袋

（1）缝后贴袋上口。将格子装饰条与后贴袋反面对叠，上口平齐缉1cm缝头。再将格子装饰条翻转到贴袋正面，下口毛缝扣光，在正面缉0.1m明线（图3-1-23）。

（2）熨烫后贴袋。按照后贴袋净样板尺寸，将贴袋四周毛缝扣光后熨烫（图3-1-24）。

（3）装后贴袋。在后裤片上画袋位标记，将贴袋对准标记，沿贴袋三边缉0.1cm+0.6cm双明线。注意缉线转角要到位，不能出现落坑和缉过头现象（图3-1-25）。

5. 合内裆缝

（1）合内裆缝。将前后裤片的内裆缝正面与正面对叠，十字缝对齐，从脚口开始缉1cm

缝头后拷边（图3-1-26）。

（2）压缉内裆缝。打开裤片，缝头倒向后片，在后裤片正面缉0.1cm明线（图3-1-27）。

图3-1-23　缝后贴袋上口

图3-1-24　熨烫后贴袋

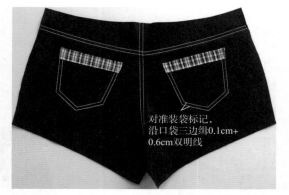

图3-1-25　装后贴袋

图3-1-26　合内裆缝

图3-1-27　压缉内裆缝

6. 合外侧缝

（1）缝合外侧缝。将前后裤片的外侧缝正面与正面对叠，缉1cm缝头后拷边（图3-1-28）。

（2）压缉外侧缝。打开裤片，缝头倒向后裤片，从腰口往下20cm位置沿着后裤片正面缉0.1cm明线（图3-1-29）。

图3-1-28　缝合外侧缝

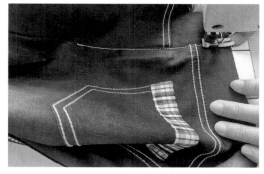

图3-1-29　压缉外侧缝

7. 装腰头

（1）熨烫腰头。将腰面、腰里上放腰头净样纸板，然后将上口与下口均按照净样熨烫平服（图3-1-30）。

（2）做腰头。将腰面与腰里的反面相叠，熨烫后的止口对齐，两端预留4cm，沿着腰上口缉0.1cm明止口（图3-1-31）。

图3-1-30　熨烫腰头

图3-1-31　做腰头

（3）装腰头。将腰里与裤片正面相叠，缝份对齐，前裆缝对准腰头的定位标记，从前裆缝位置开缉1cm缝头（图3-1-32）。

（4）压缉腰头明线。将腰头翻至正面，然后将腰头两端缝份折转夹至两层腰头之间，从接线2～3cm处开始压缉腰口一圈0.1cm（图3-1-33）。

图3-1-32　装腰头

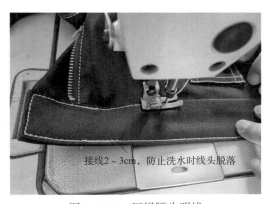

图3-1-33　压缉腰头明线

8. 缝脚口

（1）折烫脚口。将脚口往反面折转两次，净宽1.5cm（图3-1-34）。

（2）缉脚口。沿着脚口缝头的里边缉0.1cm明止口，缉线一圈后沿着起针处明线重叠缉线2cm，防止线头松脱，要求缉线顺直，线距宽窄一致（图3-1-35）。

图3-1-34　折烫脚口　　　　　　　　　　　　图3-1-35　缉脚口

9. 缝耳仔

（1）做耳仔。用耳仔机制作耳仔，耳仔布的宽窄要与拉筒的大小一致，将耳仔布引入拉筒，踩动机器，即能拉出成品耳仔。然后裁剪成5个10cm长的耳仔，耳仔净长为5.5cm，将剪好的耳仔两端缝份折向底面（图3-1-36）。

（2）画耳仔位。在裤片上画好装耳仔的位置（图3-1-37）。

图3-1-36　做耳仔　　　　　　　　　　　　图3-1-37　画耳仔位

（3）装耳仔。用打枣机按照款式需求将耳仔固定在规定位置，耳仔的一端与腰头的上端对齐，下端固定在裤片上（图3-1-38）。

10. 锁眼、钉纽、打枣（套结）

（1）定纽位、扣眼位。在门襟裤腰里上画好扣眼位置，在里襟裤腰面上画定纽扣位置，扣眼大小根据纽扣的大小而定（图3-1-39）。

（2）锁眼。将门襟裤腰里朝上，放于扣眼车压脚下，选好开扣眼的位置，按动扣眼开关，机器自动生成完整的扣眼（图3-1-40）。

图3-1-38　装耳仔

图3-1-39　定纽位、扣眼位　　　　　　　　图3-1-40　锁眼

（3）钉纽。将纽扣放入钉纽机里，里襟裤腰面朝上，对准钉纽位置钉纽（图3-1-41）。

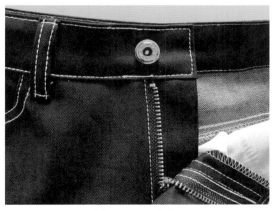

图3-1-41　钉纽

（4）打枣。采用打枣机（套结机），在牛仔裤侧缝明线下口、门襟、耳仔、后贴袋上口两端进行打枣固定（图3-1-42）。

93

图3-1-42 打枣

11. 整烫

用蒸汽熨斗将裤子的前袋布、腰头、脚口、后贴袋、月亮袋、门里襟、侧缝、下裆缝进行全面熨烫（图3-1-43）。

图3-1-43 整烫

12. 成品

牛仔短裤整体应自然平服、整洁，造型要美观，不变形，无皱褶、无焦黄、无水花、无极光。

◎ 巩固训练

1. 写出企业生产牛仔短裤的工艺流程。

2. 根据表3-1-1制作一件M码牛仔短裤。

◎ 任务要求与任务评价（表3-1-3）

表3-1-3 牛仔短裤缝制工艺任务评价表

序号	内容	标准与分值	自评	互评	师评	企业或客户评	备注
1	规格	符合成品规格尺寸（10分）					
2	腰头	装腰头顺直、平服，腰里不反吐（10分）					
3	装拉链	装拉链平服，拉链绱线整齐，进出一致，松紧适宜（10分）					

序号	内容	标准与分值	自评	互评	师评	企业或客户评	备注
4	前裤片	前片平整，侧缝平服，缉线顺直（10分）					
5	前弯袋后贴袋	前弯袋、后贴袋做法跟板，双明线均匀，缉线转角到位、不漏坑和缉过头（15分）					
6	后裤片	后裤片袋位扫粉位置准确，后裤片十字缝对齐，双明线宽窄一致（10分）					
7	锁边打枣	锁边用五线。拉链、口袋封口处打枣，打枣一定要饱满，位置一定要准确（10分）					
8	脚口	脚口平服，折边宽窄一致，缉线均匀，明线宽窄一致（5分）					
9	车缝线	底面线松紧适宜，无串珠，无起涟，面线无驳线。针距1英寸8针，及骨1英寸11针，全件不能驳线（10分）					
10	整烫	所有部位熨烫平服，无焦黄、无极光、无水花、无污渍、无线头（10分）					
合计							

◎ 知识拓展　侧缝装拉链挖袋缝制工艺

1. 成品款式

侧缝装拉链挖袋成品款式如图3-1-44所示。

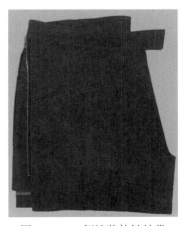

图3-1-44　侧缝装拉链挖袋

2. 制作规格（表3-1-4）

表3-1-4　制作规格　　　　　　　　单位：cm

部件	腰围	臀围	前片中心线长	袋中心开口	袋侧缝开口
规格	68	92	32	7	12

3. 材料准备

机头×1，前袋布×1，后袋布×1，后袋贴×1，前袋布×1，5号铜牙闭尾拉链×1。

4. 工艺流程

核对侧缝装拉链挖袋纸样→做缝制标记→缝合袋垫布与下袋布→缝合前侧片与上袋布→缝合袋口→缝制前裤片→装拉链

5. 缝制方法与步骤

（1）核对侧缝装拉链挖袋纸样。根据款式要求做出相应的纸样，并将相对重要部件尺寸标注在纸样上（图3-1-45）。

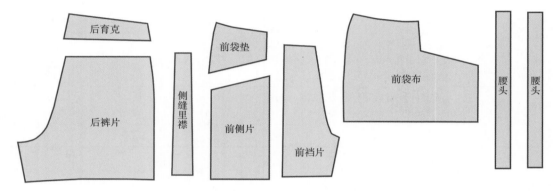

图3-1-45 侧缝装拉链挖袋纸样

（2）缝合袋垫布与下袋布。将袋垫布放置在下袋布相应位置，沿袋垫布四周缝0.5cm，固定袋垫布与下袋布（图3-1-46）。

（3）缝合前侧片与上袋布。前袋布上口与前侧片上口缝份对齐，缉线0.8cm（图3-1-47）。

图3-1-46 缝合袋垫布与下袋布

图3-1-47 缝合前侧片与上袋布

（4）缝制袋口：缝头倒向袋布，缉0.1cm止口固定袋布，以防袋布反吐，最后将袋布翻至裤片反面，沿着袋口压0.6cm明止口（图3-1-48）。

（5）缝合袋布。将前侧片袋口位置对准袋垫布上袋口定点，将袋口两侧固定0.5cm，然后将前侧片掀开，沿着袋布四周缉1cm缝份（图3-1-49）。

（6）缝制前裤片。将前中片与前侧片正面叠合，沿前中分割线缉1cm缝份，然后将缝份拷边后倒向前中片，沿着前中片压缉0.1cm+0.6cm的双明线（图3-1-50）。

图 3-1-48　缝合前侧片与上袋布

图 3-1-49　缝合袋布

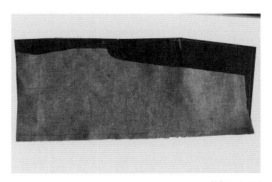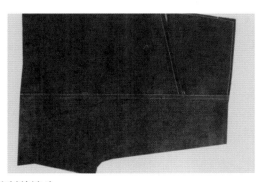

图 3-1-50　缝制前裤片

（6）将拉链安装在侧缝，成品如图 3-1-51 所示。

图 3-1-51　侧缝装拉链挖袋

任务二　　男式直筒牛仔裤缝制工艺

◎ 任务导入

直筒裤是合体裤，直筒牛仔裤是牛仔裤中的经典裤型。某服装企业最近收到一批男式直筒牛仔裤订单，将代为生产一批大货，制作男式直筒牛仔裤的工艺生产单见表3-2-1。

◎ 任务要求

1. 解读生产单，学会分析制单生产要求。
2. 掌握直筒裤款式特点及各部位尺寸要求，以及直筒裤的缝制工艺方法及技巧。
3. 培养敬业、精益、专注、创新的工匠精神。
4. 通过共同探讨、分析问题，培养团结一致、互帮互助的学习精神。

表3-2-1　男式直筒牛仔裤工艺生产单

客户					款号		G74648LLR		下单日期		
主面	L897958蓝色			款式	直筒裤		数量	2000件	出货日期		
号型	XS	S	M	L	XL	合计	用量			床数	
数量/件	300	400	500	400	400	2000	缩水率	长5%，宽3%		布料成分	95%棉5%氨纶
布封			144cm				实裁数		+3%，2060件		
洗水前辅料							洗水后辅料				
名称	规格数量		名称	规格数量			名称	规格数量		备注	
面线	608土黄		洗水唛/尺码	数字织唛			纽	20mm空心纽×1		门襟	
底线	604土黄		主唛/小尺码	有			钉	0.6mm哑叻色铜钉		无	
打枣线	跟板		旗唛	无			吊牌	1		挂左前裤片耳仔上	
凤眼线	跟板		横唛	无			合格证	1		贴布白掉牌上	
锁边五线	604白色		长唛	无			拷贝纸	1		后裤片对折中间	
锁边三线	604白色						小胶袋	35cm×45cm		小胶袋上贴条形码	
洗水后尺寸/cm							洗水前尺寸/cm				
码数	XS	S	M	L	XL	码数	XS	S	M	L	XL
裤长	96	98	100	102	104	裤长	101.1	103.2	105.3	107.4	109.5
腰围	72.5	75	77.5	80	82.5	腰围	74.7	77.3	79.9	82.5	85.1
臀围	88	91	94	97	100	臀围	90.7	93.8	96.9	100	103.1
膝围	40.6	41.8	43	44.2	45.4	膝围	41.9	43.1	44.3	45.6	46.8
脚口	40.1	41.3	42.5	43.7	44.9	脚口	41.3	42.6	43.8	45.1	46.3
直裆深	19.2	19.8	20.4	21	21.6	直裆深	20.2	20.8	21.5	22.1	22.7
腰高	4.5	4.5	4.5	4.5	4.5	腰高	4.7	4.7	4.7	4.7	4.7

续表

| 车间生产工艺要求：
1.前裤片左右对称，前斜插袋平服，袋口明线宽窄一致，线距跟板，不能跳针或有接线，不能起拱，要顺直
2.后裤片与机头拼接缝对位准确，左右对称，拼缝往后下坐倒，方向一致。后裆缝缝份倒向左边，双明线缉线均匀，线距跟板，不能出现跳针、起拱或接线的现象
3.后贴袋左右对称，袋位对准，贴袋双明线宽窄一致，装袋平服
4.腰头丝缕归正，要顺直、平服、不起扭
5.内侧缝、外侧缝、飞机位拼缝、后裆缝均用五线锁边，缉线要求顺直，无断线、接线现象
6.耳仔对位跟板，位置准确，耳仔长短、宽窄一致，耳仔上下打枣固定
7.脚口贴边卷边宽窄一致，脚口单明线净宽1.5cm，脚口缉线顺直，宽窄一致，无起涟
8.底面线松紧适宜，无串珠，无起涟，面线无驳线。针距1英寸8针，及骨1英寸11针，全件不能驳线
9.根据客户要求，此款直筒裤主要进行猫爪、碧纹洗、石磨、软化等洗水工艺 | 

正面　　　　　　背面 |

◎ **任务实施**

一、样衣分析

1. 款式特点

此款为男式五袋直筒牛仔裤，裤型为H型，前中装拉链，前侧两边斜插袋，右边加一个小袋，后片两只贴袋。后腰机头分割，腰头装五根耳仔。拼缝处为撞色装饰明线，双线宽度为0.2cm+0.7cm，前中腰头一枚工字扣，开门襟装铜拉链，前后袋口打枣封口，袋角打撞钉，如图3-2-1所示。

2. 裁片数量（图3-2-2）

前裤片×2，后裤片×2，袋垫布×2，表袋×1，前袋布×2，前袋贴边×2，门襟×1，里襟×1，机头（后育克）×2，后贴袋×2，串带祥×2，腰头×2。

3. 制作规格（表3-2-2）

表3-2-2　直筒裤的制作规格　　　　　　　　单位：cm

号型	裤长	腰围	臀围	膝围/2	脚口/2	直裆深	腰高	串带祥
175/80A	108	124	147	86	44	21	4.5	6.5×1.5

二、缝制工艺流程

制作斜插袋→装拉链和合小裆→缝合后裤片→做、装后贴袋→合内侧缝→合外侧缝→装腰头→缝脚口→做、装耳仔→锁眼、钉纽、打枣（套结）→整烫

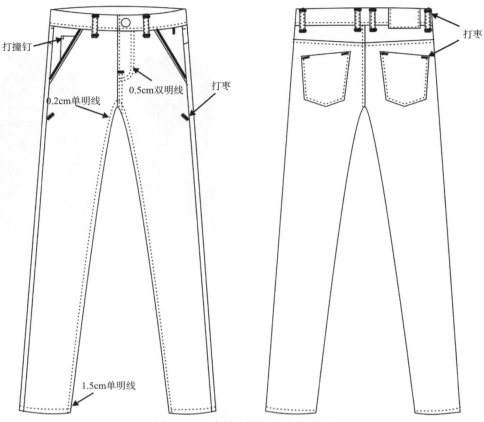

图 3-2-1　直筒牛仔裤工艺说明图

制作斜插袋

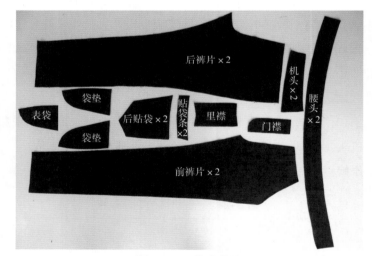

图 3-2-2　裁片数量

三、缝制方法与步骤

1. 制作斜插袋

（1）做表袋。将表袋上袋口反折1.5cm，扣光止口后缉0.2cm+0.7cm双明线（图3-2-3）。

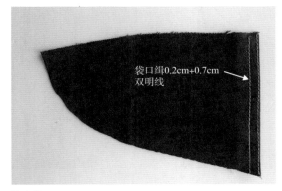

图 3-2-3 做表袋

（2）装表袋。将表袋放置于袋垫上，对准袋位，沿贴袋边缉0.5cm明线固定表袋与右袋垫布，然后将袋垫布内侧拷边（图3-2-4）。

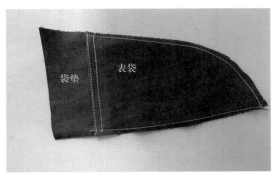

图 3-2-4 装表袋

（3）固定袋垫与袋布。将袋垫布放置于袋布上，沿袋垫弧形边缉0.5cm线（图3-2-5）。

（4）固定袋口贴边与袋布。将袋口贴边放置于袋布上相对应的位置，沿贴边内侧缉0.5cm线，固定袋口贴边与袋布（图3-2-6）。

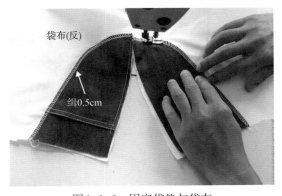
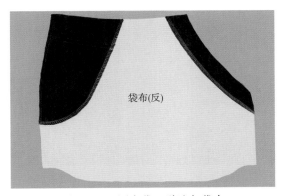

图 3-2-5 固定袋垫与袋布   图 3-2-6 固定袋口贴边与袋布

（5）缉袋底。将袋底中线对折，用来去缝在袋底反面缉0.5cm缝头后，将袋布正面翻出，然后在袋底正面缉0.8cm止口（图3-2-7）。

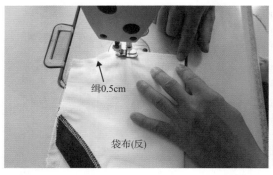
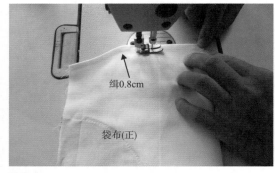

图 3-2-7　缉袋底

（6）缝袋口。将袋布袋口与裤片袋口对齐，缝合 1cm 缝头（图 3-2-8）。

（7）缉袋口双明线。将袋布翻到裤片反面，比裤片坐进 0.1cm，沿袋口缉 0.2cm+0.7cm 双明线（图 3-2-9）。

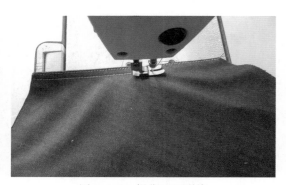

图 3-2-8　缝袋口　　　　　　　　　　　图 3-2-9　缉袋口双明线

（8）固定袋口与袋垫。袋口两端与袋垫上的装袋标记位对齐，缉 0.5cm 将袋口固定在袋垫布上（图 3-2-10）。

图 3-2-10　固定袋口与袋垫

2. 装拉链和合小裆

（1）固定拉链与门襟。将门襟弯位拷边，然后将拉链正面与门襟正面对叠，拉链布边缘比门襟直边往里 1cm，然后沿着另一边拉链布缉双明线固定（图 3-2-11）。

（2）缝合门襟与裤片。将门襟正面与裤片正面对叠，在反面缝合1cm缝头，注意将拉链掀开，不要缝住拉链（图3-2-12）。

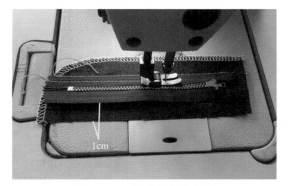

图3-2-11　固定拉链与门襟

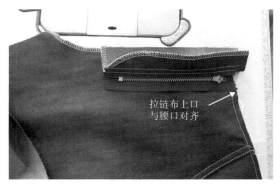

图3-2-12　缝合门襟与裤片

（3）缉门襟止口。将门襟翻到反面，在裤片正面止口处缉0.2cm明线，注意不要缉住拉链，止口不外吐（图3-2-13）。

（4）画门襟净样线。沿着门襟净样画线（图3-2-14）。

图3-2-13　缉门襟止口

图3-2-14　画门襟净样线

（5）缉门襟双明线。沿着门襟净样线缉0.6cm宽的双明线，注意明线要圆顺，宽窄一致，门襟低端的线头一定要留长4cm左右（图3-2-15）。

（6）做里襟。里襟正面与正面对折，下端缉1cm缝头后，翻至正面拷边（图3-2-16）。

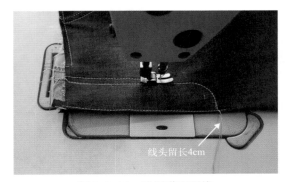

图3-2-15　缉门襟双明线

图3-2-16　做里襟

（7）固定拉链与里襟。将右裤片前小裆向反面折1.25cm的缝份，右裤片裆缝覆盖在里襟拉链布上，缉0.1cm明止口，一直缉线至拉链齿往下1cm处，并在右裤片裆缝处剪剪口，翻出裤片缝头（图3-2-17）。

图3-2-17　固定拉链与里襟

（8）合小裆。将留长的门襟明线线头藏于左前片的反面，然后将左前片弯裆缝覆盖住右前片，从弯裆尾端起缉0.2cm明线，缉至门襟双明线往上0.7cm处掉头往回缉0.7cm的明线，注意缉线要圆顺，宽窄一致（图3-2-18）。

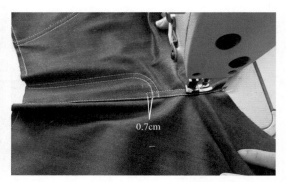

图3-2-18　合小裆

3. 缝合后裤片

（1）拼机头。用五线机缝合机头与后裤片的拼接缝，然后将缝头倒向脚口在后裤片正面缉0.2cm+0.7cm双明线（图3-2-19）。

缝合后裤片

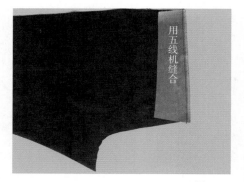

图3-2-19　拼机头与后裤片

（2）合后裆缝。将左右后裤片正面与正面对叠，缝份对齐，采用五线机缝合后裆缝，然后将缝头倒向左裤片，在左裤片正面缉0.2cm+0.7cm明线，注意机头与裤片十字缝位置对接整齐（图3-2-20）。

图3-2-20　合后裆缝

4．做、装后贴袋

（1）缝制后贴袋。将贴袋贴边正面与贴袋正面对齐，缉1.25cm缝头，然后将贴边翻至贴袋反面，沿着贴袋上口缉0.2cm+0.7cm的双明线（图3-2-21）。

（2）烫后贴袋。根据样板烫后贴袋（图3-2-22）。

图3-2-21　缝制后贴袋　　　　　　　　　　　　图3-2-22　烫后贴袋

（3）画后贴袋位。在裤片上画好后贴袋的位置标记（图3-2-23）。

（4）装后贴袋。在后裤片上对准装袋标记，沿贴袋四周缉0.2cm+0.7cm双明线，注意缉线转角要到位，不能出现落坑和缉过头的现象（图3-2-24）。

图3-2-23　画后贴袋位　　　　　　　　　　　　图3-2-24　装后贴袋

5. 合内侧缝

（1）缝合内侧缝。将前后裤片的内裆缝正面与正面对叠，用五线机从脚口开始缝合，注意缝制时，裤子裆底十字缝一定要对齐（图3-2-25）。

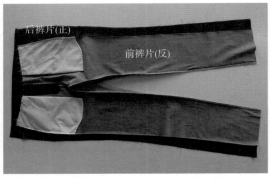

图3-2-25　缝合内侧缝

（2）压缉内侧缝明线。将前后裤片打开，缝头倒向前裤片，沿着前裤片正面缉0.2cm明线（图3-2-26）。

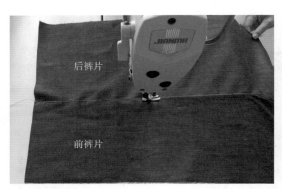

图3-2-26　压缉内侧缝明线

6. 合外侧缝

（1）缝合外侧缝。将前后裤片的外侧缝正面与正面对叠，后裤片放下层，前裤片放上层，用五线机缝合（图3-2-27）。

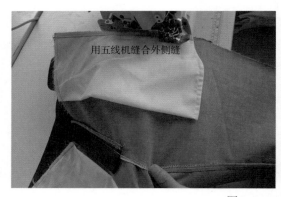

图3-2-27　缝合外侧缝

（2）压缉外侧缝明线。打开裤片，缝头倒向后裤片，在后裤片腰口往下20cm处开始向腰口缉0.2cm明线（图3-2-28）。

图3-2-28　压缉外侧缝明线

7. 装腰头

（1）熨烫腰头。将腰面、腰里上放腰头净样纸板，然后将上口与下口均按照净样熨烫平服（图3-2-29）。

图3-2-29　熨烫腰头

（2）做腰头。将腰面与腰里反面相叠，熨烫后的止口对齐，从前裆缝位置开始，沿着腰上口缉0.1cm明止口（图3-2-30）。

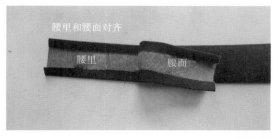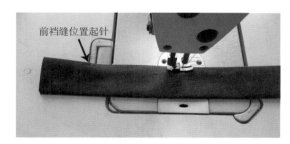

图3-2-30　做腰头

（3）装腰头。将裤片反面与腰里正面相叠，缝份对齐，前裆缝对准腰头的定位标记，从前裆缝位置开始缉1cm缝头（图3-2-31）。

（4）封腰头两端。将腰头两端的缝份朝反面折转，腰头面和腰头里两层对齐，缝头夹缉在两层中间，将腰头两端封口（图3-2-32）。

图 3-2-31　装腰头

图 3-2-32　封腰头两端

（5）压缉腰头明线。将腰头摆放平整，从封口处接线位置重叠 4～5 针，压缉 0.1cm 明止口一圈（图 3-2-33）。

图 3-2-33　压缉腰头明线

8. 缝脚口

（1）烫脚口。将脚口往反面折转两次，净宽 1.5cm（图 3-2-34）。

（2）缉脚口。沿着脚口缝份的里边缉 0.1cm 止口，缉线最终与起针重叠 2cm，防止线头松脱，要求缉线顺直，线距宽窄一致（图 3-2-35）。

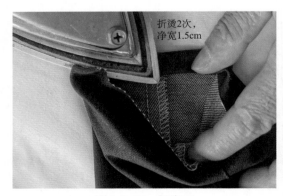

图 3-2-34　烫脚口

图 3-2-35　缉脚口

9. 做、装耳仔

（1）做耳仔。用耳仔机制作耳仔，耳仔布的宽窄要与拉筒的大小一致，将耳仔布引入拉筒，踩动机器，即能拉出成品耳仔，然后裁剪5个10cm长的耳仔（图3-2-36）。

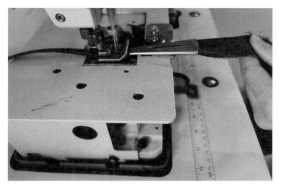

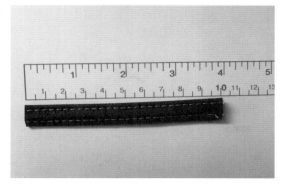

图3-2-36 做耳仔

（2）定耳仔位、装耳仔。耳仔净长为5.5cm，将剪好的耳仔两端缝份折向底面。用打枣机按照款式需求固定在规定位置（图3-2-37、图3-2-38）。

图3-2-37 定耳仔位

图3-2-38 装耳仔

10. 锁眼、钉纽、打枣（套结）

（1）定纽位、扣眼位。在门襟裤腰里上画好扣眼位置，在里襟裤腰面上画定纽位置，扣眼大小根据纽扣的大小而定（图3-2-39）。

（2）锁扣眼。将门襟裤腰里朝上，放于扣眼车压脚下，选好开扣眼的位置，按动扣眼开关，机器自动生成完整的扣眼（图3-2-40）。

图3-2-39 定纽位、扣眼位

图3-2-40 锁扣眼

（3）钉纽。将纽扣放入钉纽机里，里襟裤腰面朝上，对准钉纽位置钉纽（图3-2-41）。

（4）打枣。采用打枣机（套结机），在牛仔裤门襟、侧缝明线下口、后贴袋上口两端进行打枣固定（图3-2-42）。

图3-2-41　钉纽

图3-2-42　打枣

11. 整烫

用蒸汽熨斗将裤子的前袋布、腰头、脚口、后贴袋、月亮袋、门里襟、侧缝、下裆缝进行全面熨烫（图3-2-43）。

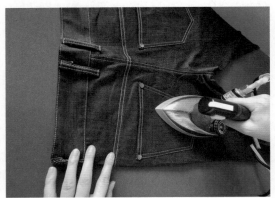

图3-2-43　熨烫

12.成品

男直筒牛仔裤制作完成。

◎ 巩固训练

1．写出男式直筒牛仔裤的款式特点和工艺流程。

2．根据表3-2-1生产单要求，制作一条L码的男式直筒牛仔裤。

◎ 制作要求与任务评价（表3-2-3）

表3-2-3　男式直筒牛仔裤任务评价表

序号	内容	标准与分值	自评	互评	师评	企业或客户评	备注
1	规格	符合成品规格尺寸（10分）					
2	前裤片、斜插袋	前裤片左右对称，前斜插袋平服，袋口明线宽窄一致，线距跟板，不能跳针或有接线，不能起拱，要顺直（18分）					
3	后贴袋	后贴袋左右对称，袋位对准，贴袋双明线宽窄一致，装袋平服（12分）					
4	后裤片	后裤片与机头拼接缝对位准确，左右对称，拼缝往后下坐倒，方向一致。后裆缝缝份倒向左边，双明线缉线均匀，线距跟板，不能出现跳针、起拱或接线的现象（15分）					
5	腰头脚口	腰头丝绺归正，顺直、平服、不起扭；脚口明线顺直，线距宽窄一致，无涟形（10分）					
6	耳仔、锁眼钉纽、打枣	耳仔对位准确，长短、宽窄一致；锁眼、钉纽对位准确，美观；口袋封口处打枣要饱满，位置准确（10分）					
7	锁边	侧缝用五线锁边，向后片坐倒，正面从上到下缉明线，明线宽窄一致，顺直、均匀（5分）					
8	车缝线	底面线松紧适宜，无串珠，无起涟面线无驳线。针距1英寸8针，及骨1英寸11针，全件不能驳线（10分）					
9	整烫后整理	成衣干净整洁无污渍，整烫无焦黄、无极光、无水花，正反线头清剪干净（10分）					
合计							

◎ 知识拓展　牛仔裤分割式后贴袋部件缝制工艺

1. 成品款式

牛仔裤分割式后贴袋成品款式如图3-2-44所示。

图 3-2-44　牛仔裤分割式后贴袋

2. 制作规格（表 3-2-4）

表 3-2-4　制作规格　　　　　　　　　　　　单位：cm

部件	袋盖高	袋盖宽	上袋贴宽	上袋贴高	下袋贴宽	下袋贴高	袋唇	拼接量
规格	7	12.56	12.56	12.56	12.56	10.24	2.5	2

3. 材料准备

袋盖 ×2，上贴袋 ×1，机头 ×1，后裤片 ×1，下贴袋 ×1。

4. 工艺流程

核对后贴袋纸样→扣烫贴袋→拼合后贴袋→装贴袋→缝袋盖→固定袋盖与裤片→拼合后裤片

5. 缝制方法与步骤

（1）核对后贴袋纸样。根据款式要求做出相应的纸样，并将相对重要部件尺寸标注在纸样上（图 3-2-45）。

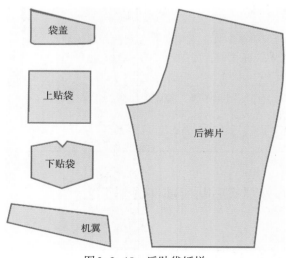

图 3-2-45　后贴袋纸样

（2）扣烫贴袋。将纸样平摆在下贴袋面料裁片上，在定位纸样上穿孔扫粉，确定下贴袋的造型，并进行高温压烫定型（图3-2-46）。

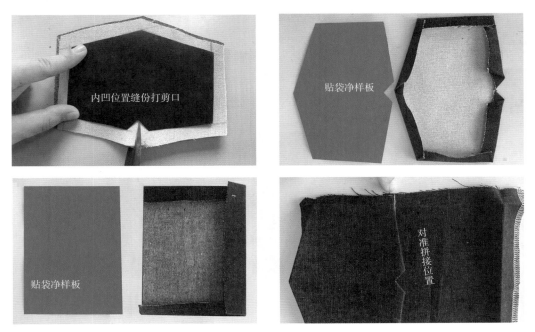

图3-2-46　扣烫贴袋

（3）拼合后贴袋。将扣烫好缝份的下贴袋放到上贴袋对应的位置上，沿着扣烫的位置按照款式要求缉线固定上下贴袋（图3-2-47）。

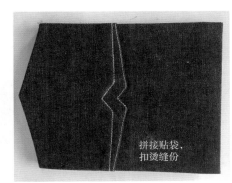

图3-2-47　拼合后贴袋

（4）装贴袋。沿着袋口压1.5cm单明线，然后将后贴袋对准装袋位置，在贴袋侧边及袋底三周缉0.2cm双明线（图3-2-48）。

（5）缝袋盖。将袋盖面与袋盖里正面相叠，沿着袋盖的两侧及下口缝1cm缝头，然后将袋盖缝头修剪成0.5cm，翻到正面，沿三边压缉0.2cm+0.6cm双明线（图3-2-49）。

（6）固定袋盖与裤片。将袋盖上口缝份对齐裤片分割处，注意袋盖左右两端要与贴袋两端对准，然后沿着袋盖上口缝线0.5cm，固定袋盖与裤片（图3-2-50）。

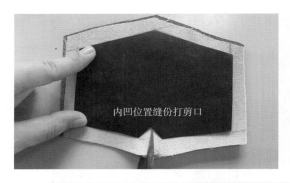
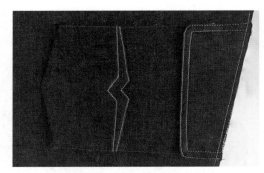

内凹位置缝份打剪口

贴袋净样板

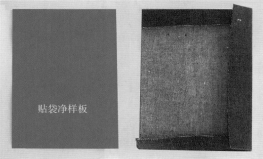

图3-2-48　装贴袋

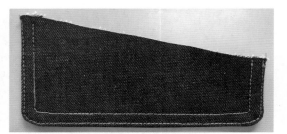

图3-2-49　缝袋盖

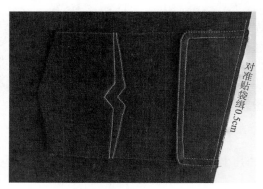

对准贴袋缉0.5cm

图3-2-50　固定袋盖与裤片

（7）拼合后裤片。将后片育克与后裤片正面与正面对叠，分割处缝头对齐，缉1.25cm缝头，然后将缝头倒向育克，沿着育克压缉0.2cm+0.6cm双明线（图3-2-51）。

（8）分割式后贴袋制作完成。

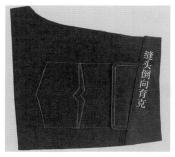

图 3-2-51　拼合后裤片

任务三　女式牛仔裤缝制工艺

◎ **任务导入**

某服装企业收到一批女式牛仔裤生产订单，将代为生产一批大货，制作工艺生产单见表 3-3-1。

表 3-3-1　女式牛仔裤工艺生产单

客户						款号		FL251043L		下单日期		
主面	XJ67364蓝色		款式		女式牛仔裤	数量		1000件		出货日期		
号型	XS	S	M	L	XL	合计	用量				床数	
数量/件	150	200	250	200	200	1000	缩水率		长5%，宽8%		布料成分	95%棉5%氨纶
布封		144.75cm					实裁数		+3%，1030件			

洗水前辅料					洗水后辅料			
名称	规格数量	名称	规格数量		名称	规格数量		备注
面线	608土黄	洗水唛/尺码	数字织唛		纽	20mm空心纽×1		门襟
底线	604土黄	主唛/小尺码	有		钉	0.6mm哑叻色铜英文钉×8		无
打枣线	跟板	旗唛	无		吊牌	1		挂左前裤片耳仔上
凤眼线	跟板	横唛	无		合格证	1		贴布白掉牌上
锁边五线	604白色	长唛	无		拷贝纸	1		后裤片对折中间
锁边三线	604白色				小胶袋	35mm×45mm		小胶袋上贴条形码

洗水后尺寸/cm					洗水前尺寸/cm				
码数	S	M	L	XL	XXL	码数	S	M	L	XL	XXL
裤长	94	96	98	100	102	裤长	99	101.1	103.2	105.3	107.4
腰围	73	77	81	85	89	腰围	79.3	83.7	88	92.4	96.7
臀围	86	100	104	108	112	臀围	93.5	108.7	113	117.4	121.7
大腿围	61	63	65	67	69	大腿围	66.3	68.5	70.7	72.8	75
脚口	44	45	46	47	48	脚口	47.8	48.9	50	51.1	52.2

续表

车间生产工艺要求： 1.前弯袋的袋垫布为撞色格子布，表袋的袋角及弯袋两端打撞钉装饰。要求袋口平服，袋口明线宽窄一致，线距跟板，不能跳针或有接线，不能起拱，要顺直 2.机头撞色格子布，后裤片与机头拼接缝对位准确，左右对称，拼缝往后下坐倒，方向一致 3.后档缝缝份倒向左边，双明线缉线均匀，线距跟板，不能出现跳针、起拱或接线的现象 4.后贴袋左右对称，袋位对准，贴袋双明线宽窄一致，装袋平服 5.腰头丝绺归正，要顺直、平服、不起扭 6.内侧缝、外侧缝、飞机位拼缝、后档缝均用五线锁边，缉线要求顺直，无断线、接线现象 7.耳仔对位跟板，位置准确，耳仔长短、宽窄一致，上下打枣固定 8.脚口贴边卷边宽窄一致，脚口单明线净宽1.5cm，脚口缉线顺直，宽窄一致，无涟形 9.底面线松紧适宜，无串珠，无起涟，面线无驳线。针距1英寸8针，及骨1英寸11针，全件不能驳线 10.根据客户要求，此款女式牛仔裤主要进行猫爪、碧纹洗、石磨、软化等洗水工艺	  正面　　　　　　　背面

◎ 任务要求

1. 学会分析生产单，根据工厂制单解读生产要求。

2. 掌握女式牛仔裤款式特点、各部位尺寸要求，以及缝制工艺方法及技巧。

3. 通过反复学习和实践，培养爱岗敬业、精益求精、吃苦耐劳的精神。

4. 通过对所学内容系统地理解、思考与实践，提高自主思考和动手能力。

◎ 任务实施

一、样衣分析

1. 款式特点

此款为女式牛仔裤，裤腿为宽松裤型，穿着舒适大方，前口袋、后贴袋以及机头分别用格子面料拼贴装饰，前后片各有两个口袋，后片机头分割，腰头装五根耳带祥，是牛仔裤中的常规款式。撞色装饰明线，前中腰头装一枚工字扣，开门襟装铜拉链，前后袋口打枣封口，袋角打撞钉，工艺细节如图3-3-1所示。

2. 裁片数量（图3-3-2）

前裤片×2，后裤片×2，袋垫布（牛仔）×2，袋垫布（格子）×2，表袋×1，前弯袋袋布×2，门襟×1，里襟×1，机头（牛仔）×2，机头（格子）×2，腰头×2，贴袋A×2，贴袋

B×2，贴袋B袋垫×2，贴袋B贴边×2。

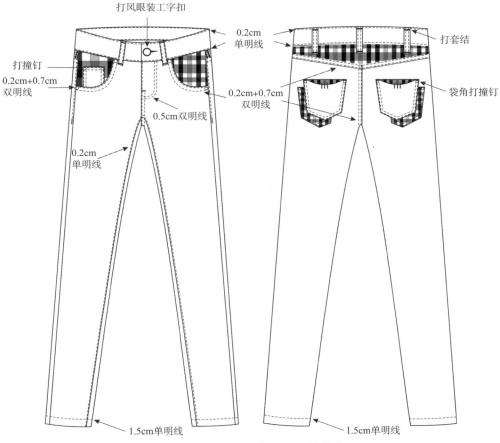

图3-3-1 女式牛仔裤工艺说明图

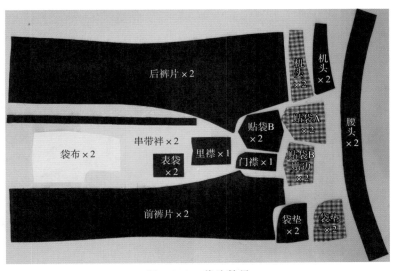

图3-3-2 裁片数量

3. 制作规格（表3-3-2）

表3-3-2 女式牛仔裤的制作规格 单位：cm

号型	裤长	腰围	臀围	膝围/2	脚口/2	直裆深	腰高
165/68A	100	66	84	17.5	16.5	16.5	4.5

二、缝制工艺流程

前弯袋的制作→装拉链和合小裆→缝合后裤片→做、装后贴袋→合内侧缝→合外侧缝
→装腰头→装耳仔→缝脚口→锁眼、钉纽、打枣（套结）、打撞钉→整烫

三、缝制方法与步骤

1. 前弯袋的制作

（1）做表袋。将表袋上袋口反折2次，净宽1cm，然后沿着表袋上口用双针车缉双明线
（图3-3-3）。

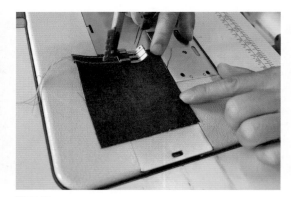

图3-3-3 做表袋

（2）合拼袋垫。将上层袋垫布与下层袋垫布对齐，沿着四周缉线0.5cm固定，注意上下
两层面料要松紧一致（图3-3-4）。

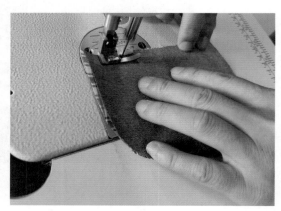

图3-3-4 合拼袋垫

（3）装表袋。将表袋侧边缝头沿净样线反折后熨烫，在右袋垫上画好表袋位置标记，然后将表袋放置在装袋位，再沿表袋边缘缉0.2cm+0.7cm双明线固定表袋与右袋垫布，最后将袋垫布弧形边一起拷边（图3-3-5）。

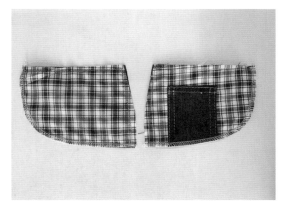

图3-3-5　装表袋

（4）缉袋垫。将袋垫布反面与袋布反面对叠，在袋垫布正面，沿拷边弧线缉0.5cm固定袋垫布与袋布（图3-3-6）。

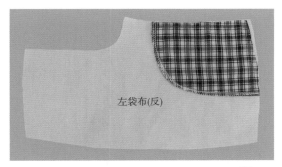
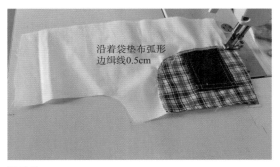

图3-3-6　缉袋垫

（5）缝合袋底。将袋底中线对折，在袋底采用来去缝，先将袋布反面缉0.5c m缝头后，将袋布正面翻出，再沿着袋底正面缉0.8cm止口（图3-3-7）。

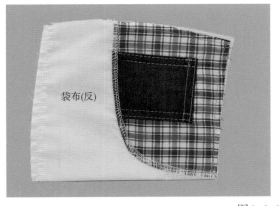
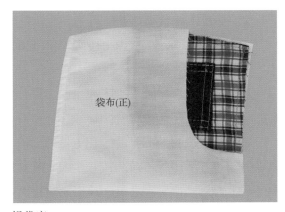

图3-3-7　缉袋底

（6）缝袋口。将袋布袋口与裤片袋口对齐，缝合1cm缝头（图3-3-8）。

（7）缉袋口双明线。将袋布翻到裤片反面，比裤片坐进0.1cm，然后沿着袋口用双针车缉双明线，注意袋布不能出现反吐现象（图3-3-9）。

图3-3-8　缝袋口　　　　　　　　　　　图3-3-9　缉袋口双明线

（8）固定袋口与袋垫。将弯袋袋口两端与袋垫上的装袋标记位对齐，缉0.5cm线将袋口固定在袋垫布上（图3-3-10）。

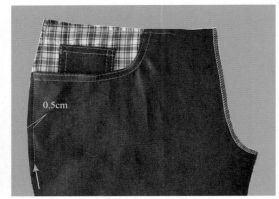

图3-3-10　固定袋口与袋垫

2. 装拉链和合小裆

方法与项目三任务二中的男直筒裤缝制方法与步骤中装拉链和合小裆部分相同。

3. 缝合后裤片

（1）缝合机头。将牛仔机头的正面与格子机头的反面叠合，沿机头四周缉0.5cm缝头（图3-3-11）。

（2）拼合机头与后裤片。用五线机缝合机头与后裤片的拼接缝，然后将缝头倒向脚口，在后裤片正面缉0.2cm+0.7cm双明线（图3-3-12）。

（3）合后裆缝。左右后裤片正面与正面对叠，缝份对齐，采用五线机缝合后裆缝。然后将缝头倒向左裤片，用双针车缉双明线。注意机头缝合处十字缝对接要整齐（图3-3-13）。

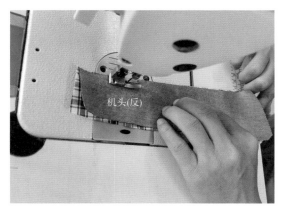 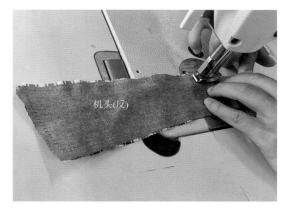

图3-3-11　缝合机头

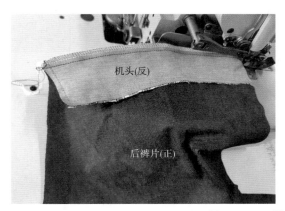 

图3-3-12　拼合机头与后裤片

图3-3-13　合后裆缝

4. 做、装后贴袋

（1）画后贴袋位。在裤片上画好后贴袋A和贴袋B的位置标记（图3-3-14）。

（2）烫后贴袋A。将后贴袋A上口反折烫2次，净宽1cm，沿袋口绲0.2cm+0.7cm的双明线（图3-3-15）。

（3）装后贴袋A。将后贴袋A对准装袋标记，沿贴袋三边绲0.2cm+0.7cm双明线，注意缉线转角到位，不能出现落坑和缉过头现象（图3-3-16）。

（4）画后贴袋B净样线。在后贴袋B的裁片反面，沿着净样板画好贴袋净样线（图3-3-17）。

图3-3-14　画后贴袋位

图3-3-15　烫后贴袋A

图3-3-16　装后贴袋A

图3-3-17　画后贴袋B净样线

（5）缝制后贴袋B。将贴袋B的贴边布和贴袋B上口的正面与正面对叠，沿净样线缉线（图3-3-18）。

图3-3-18　缝制后贴袋B

（6）烫后贴袋B。将后贴袋B翻正，按照样板折烫缝份（图3-3-19）。

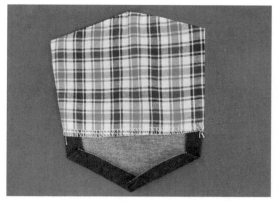

图3-3-19　烫后贴袋B

（7）装后贴袋B。将后贴袋B对准装袋标记，沿贴袋四周缉0.2cm+0.7cm双明线，注意缉线转角到位，不能出现落坑和缉过头现象（图3-3-20）。

图3-3-20　装后贴袋B

5. 合内侧缝

方法与项目三任务二中的男直筒裤缝制方法与步骤中的合内侧缝部分相同。

6. 合外侧缝

（1）拼合外侧缝。将前后裤片的外侧缝缝份对齐，用五线拷边机缝合，缝合时要注意上下裤片层势要一致（图3-3-21）。

（2）缉外侧缝明线。将前后裤片打开，从腰口往下20cm处缉0.1cm明止口，注意缝头要倒向后裤片，明止口宽窄一致（图3-3-22）。

7. 装腰头

（1）做装腰头标记。在腰头面与里的正面用划粉做好门襟、里襟、侧缝、后裆缝的标记（图3-3-23）。

（2）装腰头。将腰头面塞入上面的拉筒，腰头里塞入下面的拉筒，然后将裤片正面朝

装腰头

上夹在两个拉筒之间缉线，注意裤片门襟、里襟、侧缝、后裆缝要分别对准腰头上的对位标记（图3-3-24）。

图3-3-21　拼合外侧缝

图3-3-22　缉外侧缝明线

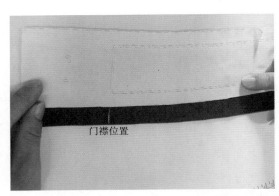

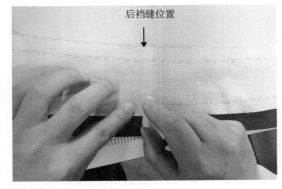

图3-3-23　做装腰头标记

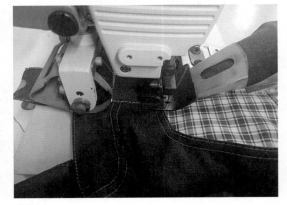

图3-3-24　装腰头

（3）封腰口。将腰头两端的缝份分别朝反面折转，缝头夹在腰里腰面中间，腰头面和腰头里两层对齐，将腰头两端封口（图3-3-25）。

8.　缝脚口

方法与项目三任务二中的男直筒裤缝制方法与步骤中缝脚口部分相同。

图3-3-25 封腰口

9. 装耳仔

（1）修剪耳仔布。将耳仔布一端的两边斜向修剪（图3-3-26）。注意耳仔布宽窄与拉筒大小一致。

（2）做耳仔。将耳仔布正面朝上引入拉筒，踩动机器，制成耳仔（图3-3-27）。

装耳仔、打枣、打凤眼

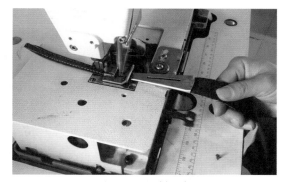

图3-3-26 修剪耳仔布 图3-3-27 做耳仔

（3）装耳仔。裁剪成5个10cm长的耳仔，然后将耳仔净长5.5cm以外多余的量平分到两端，将缝份折向底面，用打枣机固定在规定位置，或在拉裤头时先将耳仔下端放置在标记位置一起缝制（图3-3-28）。

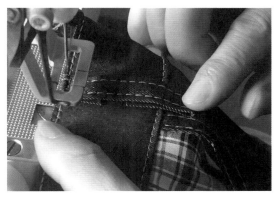

图3-3-28 装耳仔

10. 锁眼、钉纽

方法与项目三任务二中的男直筒裤缝制方法与步骤中锁眼、钉纽制作部分方法和要求相同。

11. 打枣（套结）、打撞钉

（1）打枣。在后贴袋B翻出的位置打3个枣，另外在牛仔裤门襟、侧缝明线下口、后贴袋上口两端进行打枣固定（图3-3-29）。

图3-3-29　打枣

（2）打撞钉（图3-3-30）。

图3-3-30　打撞钉

12. 整烫

用蒸汽熨斗将裤子的前袋布、腰头、脚口、后贴袋、月亮袋、门里襟、侧缝、下裆缝进行全面熨烫（图3-3-31）。

13. 成品

女式牛仔裤制作完成。

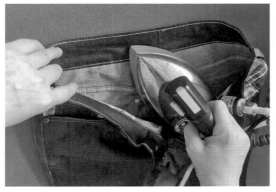

图 3-3-31　整烫

◎ 巩固训练

1. 写出女式牛仔裤的款式特点和工艺流程。

2. 根据表 3-3-1 生产单要求，制作一条 L 码的女式牛仔裤。

◎ 制作要求与任务评价（表 3-3-3）

表 3-3-3　女式牛仔裤任务评价表

序号	内容	标准与分值	自评	互评	师评	企业或客户评	备注
1	规格	符合成品规格尺寸（10分）					
2	前裤片、前弯袋	前裤片左右对称，前弯袋袋垫布为撞色格子布，表袋袋角及弯袋两端打撞钉装饰。要求袋口平服，袋口明线宽窄一致，线距跟板，不能跳针或有接线，不能起拱，要顺直（15分）					
3	门里襟拉链	装拉链平服，无起拱；门里襟长短一致，纱线顺直、不起扭，一项不符合扣2分（10分）					
4	后裤片后贴袋	机头为撞色格子布，后裤片与机头拼接缝对位准确，左右对称。后裆缝双明线缉线均匀，线距跟板，不能出现跳针、起拱或接线的现象，后贴袋左右对称，袋位对准，贴袋双明线宽窄一致，装袋平服（20分）					

续表

序号	内容	标准与分值	自评	互评	师评	企业或客户评	备注
5	腰头脚口	腰头丝绺归正，顺直、平服、不起扭；脚口卷边宽窄一致，缉线顺直，宽窄一致（10分）					
6	耳仔锁眼钉纽打枣撞钉	耳仔长短、宽窄一致，对位准确；锁眼、钉纽、撞钉、打枣对位准确、美观（15分）					
7	锁边	侧缝用五线锁边，向后片坐倒，正面从上到下压双明线，明线宽窄一致，顺直、均匀（5分）					
8	车缝线	底面线松紧适宜，无串珠，无起涟面线无驳线。针距1英寸8针，及骨1英寸11针，全件不能驳线（5分）					
9	整烫与后整理	成衣干净整洁无污渍，整烫无焦黄极光、无水花，正反线头清剪干净（10分）					
		合计					

◎ 知识拓展　女式牛仔裤零部件拉链贴袋缝制工艺

1. 成品款式

女式牛仔裤拉链贴袋如图3-3-32所示。

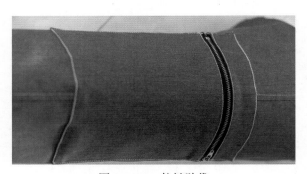

图3-3-32　拉链贴袋

2. 制作规格（表3-3-4）

表3-3-4　拉链贴袋的制作规格 单位：cm

部件	上袋高	上袋宽	下袋宽	下袋高	拉链长
规格	3.5	19	19	19	19

3. 材料准备

上袋贴×1，下袋贴×1，5号布边金属铜牙闭尾拉链×1。

4. 工艺流程

核对拉链贴袋纸样和部件主要尺寸→做缝制标记→装拉链→压缉拉链明线→熨烫贴袋→装贴袋

5. 缝制方法与步骤

（1）核对拉链贴袋纸样和部件主要尺寸。根据款式要求做出相应的结构图，并将相对重要的尺寸标注在结构图上（图3-3-33）。

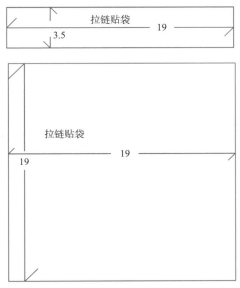

图3-3-33　拉链贴袋纸样和部件主要尺寸

（2）做缝制标记。将纸样平摆在面料裁片上，在定位纸样上穿孔扫粉，确定袋盖、贴袋定位，在拉链贴袋缝合前进行扣烫和排列（图3-3-34、图3-3-35）。

图3-3-34　做缝制标记

图3-3-35　贴袋裁片

（3）装拉链。将拉链布与贴袋分割位置缝头对齐，正面与正面相叠，缉缝头1cm，然后将贴袋裁片翻转烫平（图3-3-36）。

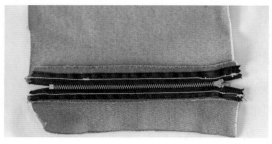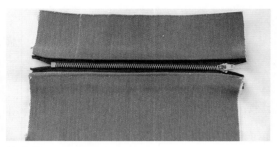

图3-3-36　装拉链

（4）压缉拉链明线。将拉链和贴袋的缝头倒向贴袋裁片，熨烫平整后，沿着贴袋裁片正面压0.1cm明止口（图3-3-37）。

（5）熨烫贴袋。将贴袋四周的缝头扣烫至贴袋反面（图3-3-38）。

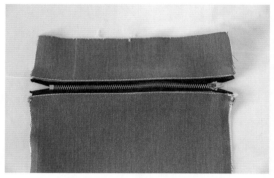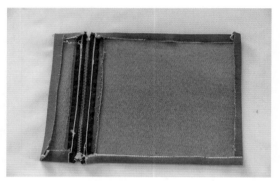

图3-3-37　压缉拉链明线　　　　　　　　　图3-3-38　熨烫贴袋

（6）装贴袋。将熨烫好缝头的贴袋放置到裤片贴袋位置，与贴袋标记线对齐，沿着贴袋四周压缉0.1cm明止口（图3-3-39）。

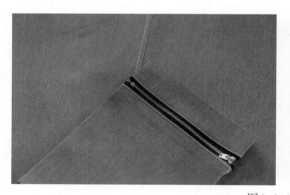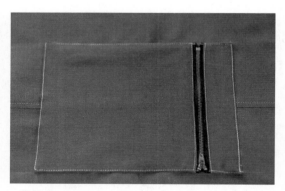

图3-3-39　装贴袋

（7）拉链贴袋完成。

○ 项目四

牛仔衣缝制工艺

◎ 项目概述

　　牛仔上衣简约大方，面料耐磨好洗，具有粗犷、豪放的外观特征，随着时尚潮流的变化，款式也越来越多元化，不乏各类精致、独特的服装造型。本项目以造型新颖的牛仔马甲、衬衫及上衣为例，在工艺上运用装肩裥、登闩、袖克夫，并结合流苏、猫须、钉珠等时尚元素，给牛仔服增添了青春气息，适合人群广泛。

◎ 思维导图

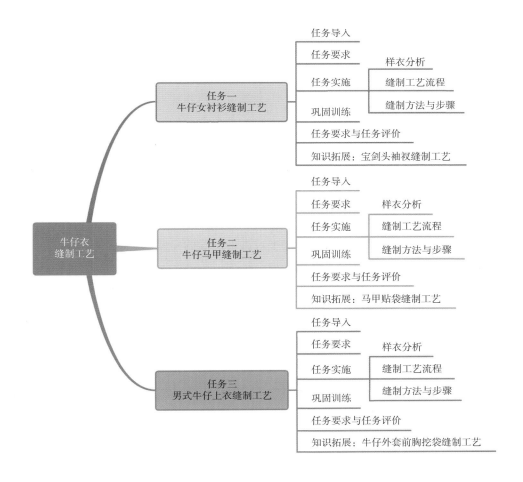

◎ 学习目标

本项目通过校企合作，将企业的一些新技术、新工艺融入教学中，使学生能够学以致用，紧密与市场接轨，掌握牛仔女衬衫、牛仔马甲和男式牛仔上衣的缝制技巧，以及门襟、袖衩、肩衬、袖窿、登闩等部位的处理办法。

素养目标

1. 根据生产单要求，分析生产单信息，培养学生解读和处理信息的能力。

2. 培养学生分析生产单的能力，使学生能根据生产单进行重点标注，进行自学，提高自主解决问题的能力。

3. 根据款式图或样衣，分析款式特点，制定工艺流程，培养学生的任务实施能力。

4. 根据缝制生产要求，进行小组合作，培养学生的团队合作意识和解决问题的能力。

知识目标

1. 了解牛仔女衬衫、牛仔马甲、牛仔上衣的款式特点，并能独立、准确阐述各类服装的款式特征。

2. 熟悉各类上衣的裁片数量、纱向及面辅料的裁配方法，了解面料性能、缩水率、门幅宽窄等信息。

3. 了解牛仔裤各个部位的制作尺寸，学会测量技巧和要求。

4. 掌握牛仔女衬衫、牛仔马甲、牛仔上衣的各个部位的制作方法和技巧，使各部位制作尺寸达到精准，符合成品要求。

5. 掌握门襟、袖衩、肩衬、袖窿、登闩等部位的处理办法，并灵活运用，进行变化。

技能目标

1. 能根据各类上衣的质量标准对牛仔上衣进行准确的检验。

2. 学会合理制定牛仔女衬衫、牛仔马甲、牛仔上衣的工艺流程，并能符合生产要求。

3. 能根据款式要求合理进行各类上衣的排料、画样、裁剪。

4. 能安全、规范的操作各类机器设备进行服装加工生产，了解机器性能，自主解决简单的机器故障。

5. 会分析工厂生产单中服装的款式特征，能解读生产制单生产要求。

6. 能根据制单要求，按质按量独立完成各类牛仔上衣的缝制。

任务一　　牛仔女衬衫缝制工艺

◎ **任务导入**

　　牛仔女衬衫简约、时尚又休闲，市场需求量较大，生产单数量一直居高不下。某服装制衣公司收到一批牛仔女衬衫制衣订单，要求生产一批大货，具体要求见表4-1-1。

表4-1-1　牛仔女衬衫工艺生产单

客户					款号		MUTXXK0328		下单日期	
主面	GT638蓝色		款式		女衬衫	数量	1500件		出货日期	
号型	XS	S	M	L	XL	合计	用量		床数	
数量/件	250	300	350	350	250	1500	缩水率	长5%，宽3%	布料成分	97%棉 3%氨纶
布封	144.75cm						实裁数	+3%，1545件		

洗水前辅料					洗水后辅料			
名称	规格数量		名称	规格数量	名称	规格数量	备注	
面线	608浅黄		洗水唛/尺码	数字织唛	纽	12		
底线	604浅黄+宝蓝		主唛+小尺码	有	钉	无	无	
及骨三线	803宝蓝		四方唛		吊牌	1		
及骨五线	604宝蓝		旗唛	无	合格证	1	贴空白吊牌上	
打枣线	跟板		横唛	无	拷贝纸	1	后幅对折中间	
凤眼线	跟板		长唛	无	小胶袋	45mm×35mm	小胶袋上贴条形码	

洗水后尺寸/cm						洗水前尺寸/cm					
码数	XS	S	M	L	XL	码数	XS	S	M	L	XL
后中长	77	78.5	80	81.5	83	后中长	81	82.6	84.2	85.5	87.3
肩宽	38	39	40	41	42	肩宽	39.1	40.2	41.2	42.2	43.2
胸围	92	95	98	101	104	胸围	94.8	97.9	101	104	107.2
摆围	106	109	112	115	118	摆围	109.2	112.3	115.5	118.5	121.6
袖长	56	57.5	59	60.5	62	袖长	58.9	60.5	62.1	63.6	65.2
袖口（扣好）	19.5	20	20.5	21	21.5	袖口（扣好）	20.1	20.6	21.6	21.6	22.1
领围	37	38	39	40	41	领围	38.9	40	41	42.1	43.1
袖口高	7	7	7	7	7	袖口高	7.2	7.2	7.2	7.2	7.2

	 正面  背面

车间生产工艺要求：

1. 前幅收腰省、胸省，袋口1/2英寸，双线装袋，袋盖双明线压线，落袋盖双明线，左袋盖绣花，左门襟往里烫3cm压0.1cm单线，右门襟处贴3.5cm压0.8cm单线，门襟打8粒四合

2. 后幅收两个腰省，过肩压双明线

3. 袖窿五线锁边，压袖窿压双明线，袖叉开7cm，袖克夫按板式要求压线，打一粒四合

4. 双明线压上领，装衬衫领。双明线压前幅，下摆反口车1/2英寸

5. 袋盖，袋口打枣，各打两粒横枣

6. 尺码唛放于左侧缝中间位置

7. 针距1英寸8针、锁边1英寸9针

后整理工艺要求：

1. 单件单码装箱，每箱50件，外用封箱胶密封；要装结实、注明货号、码数、数量，并打井字包装带

2. 线头必须清理干净，打烫要平整，钉纽要牢固

生产车间	×车间×组	跟单		审核	

◎ 任务要求

1. 解读生产单，了解生产单生产要求和各部位尺寸规格。

2. 掌握女衬衫款式特点、分析工艺流程、制作方法、技巧及要求。

3. 培养学生爱岗敬业、互帮互助、精益求精的工匠精神。

◎ 任务实施

一、样衣分析

1. 款式特点

此款牛仔女式衬衫大小合体，前中开门襟，装6粒工字扣，门襟缉明止口0.1cm单线，叠门宽为3cm单明线，前片、后片纵向分割拼接，双线宽度为0.1cm+0.6cm，工艺说明如图4-1-1所示。

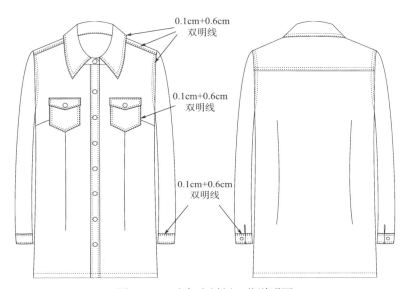

图4-1-1　牛仔女衬衫工艺说明图

2. 裁片数量（图4-1-2）

前片×2，后片×1，门襟×2，过肩×1，翻领×2，底领×2，袖片×2，袖衩条×2，袖头×2，袋盖×4，贴袋×2。

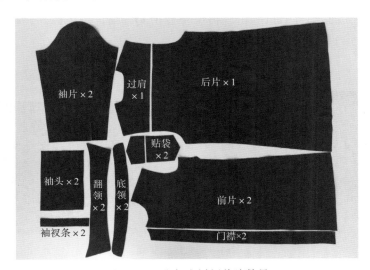

图4-1-2　牛仔女衬衫裁片数量

3. 制作规格（表4-1-2）

表4-1-2　牛仔女衬衫的制作规格　　　　　单位：cm

号型	后中长	肩宽	胸围	摆尾	袖长	袖口	领围	袖口高
165/86	80	40	98	112	59	21	40	7

二、缝制工艺流程

缝制前衣片→缝合过肩→缝合肩缝→做衣领→装衣领→开袖衩、装袖→合袖底缝、侧缝→做袖头→卷底边→锁眼、钉纽扣→整烫

三、缝制方法与步骤

缝制前衣片

1. 缝制前衣片

（1）收省。将前后片腰省和腋下省做好标记，按照标记线车缝好，注意省尖位置不打倒回针，前后留长线条打结加固，以防脱落（图4-1-3、图4-1-4）。

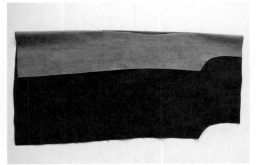

省尖不倒回针，留长线头打结

图4-1-3　前片收省　　　　　　　　　　图4-1-4　后片收省

（2）缝合袋盖。将袋盖正面与正面对叠，袋盖里上口边修剪1cm缝份，以减少厚度。其他四边对齐，在反面缝合1cm缝份。再将袋盖正面翻出，沿正面四周缉0.1cm+0.6cm双明线（图4-1-5）。

图4-1-5　缝合袋盖

（3）做袋口、熨烫贴袋。袋盖上口拷边，将袋口往反面熨烫1.5cm，在正面缉1cm明线，然后四周按净样板尺寸将毛样缝份往反面熨烫平整（图4-1-6、图4-1-7）。

图4-1-6　做袋口　　　　　　　　　　　图4-1-7　熨烫贴袋

（4）装袋。在衣片上标记好装袋位置，贴袋对齐标记位四周缉0.1cm+0.6cm双明线。袋盖距贴袋2cm，两端对齐，沿袋盖面上口标记位缝合1cm缝份。再将袋盖正面翻下，在袋盖上口正面缉0.1cm+0.6cm双明线，口袋两端打枣（图4-1-8～图4-1-10）。

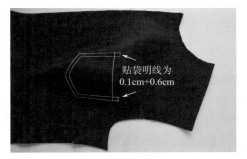
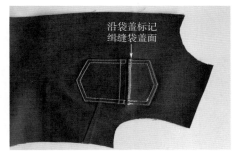

图4-1-8　装贴袋　　　　　　　　　　　图4-1-9　装袋盖

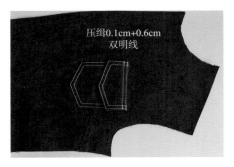

图4-1-10　压辑袋盖

（5）装门襟。门襟往反面熨烫1cm止口，将门襟领口弧线对齐，门襟正面与前衣片反面对叠，在前中位置缝合1cm缝份（图4-1-11）。

（6）门襟缉明线。将门襟翻到衣片正面，注意前中心线要翻足，不能坐缝，不能外吐止口，在门襟正面两侧缉0.6cm明线，要求明线宽窄一致，不断线、不跳针（图4-1-14）。

（7）做里襟。里襟宽窄按眼刀尺寸（宽为3cm），往反面进行两次熨烫，将缝份折光。

折转门襟与里襟时要沿着眼刀位置折转，丝绺不能歪斜，保持宽窄一致（图4-1-13）。

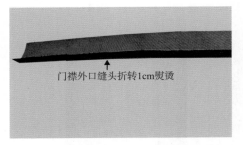

门襟外口缝头折转1cm熨烫

门襟正面与衣片反面对叠，缉缝1cm缝头

图4-1-11　装门襟

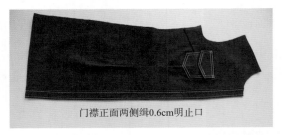

门襟正面两侧缉0.6cm明止口

图4-1-12　门襟缉明线

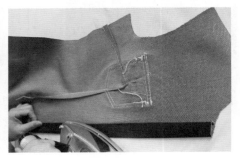

图4-1-13　做里襟

2. 缝合过肩

（1）合过肩。过肩与后片正面相叠，过肩放上层，缝合1cm缝份，然后拷边，缝份往领圈坐倒（图4-1-14）。

（2）缉过肩明线。在过肩正面缉明线0.1cm+0.6cm（图4-1-15）。

过肩正面与后衣片正面对叠，缉缝头1cm后拷边

缝头倒向过肩，缉0.1cm+0.6cm双明线

图4-1-14　合过肩　　　　　　　　图4-1-15　缉过肩明线

3. 缝合肩缝

（1）合肩缝。前后肩缝正面对叠，前片放上层，缝合1cm缝份后拷边，注意缝份宽窄均匀，不要拉伸肩缝丝缕（图4-1-16）。

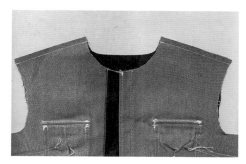

图4-1-16　合肩缝

（2）肩缝缉双明线。肩缝缝份倒向后衣片，在后衣片正面缉0.1cm+0.6cm双明线（图4-1-17）。

图4-1-17　肩缝缉双明线

4. 做衣领

（1）缝合翻领。将翻领正面对叠，按照净样板尺寸画好翻领缝合线。沿缝合线缉线一圈，注意缉线时面松里紧，在领角转角处带一股线加进领角最后一针，便于将领角的尖角翻出、翻足（图4-1-18、图4-1-19）。

做衣领、装衣领

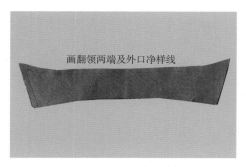

图4-1-18　画翻领净样线　　　　　　图4-1-19　缝合翻领

（2）缉翻领明线。将翻领缝份修剪成0.3cm，翻出领面正面，缉0.1cm+0.6cm双明线，要求明线宽窄一致，无跳针、无断线、无接线现象（图4-1-20、图4-1-21）。

图4-1-20　翻领修剪缝份　　　　　　　　　图4-1-21　缉翻领明线

（3）缉底领里。在底领里反面按照净样板尺寸画好净样线，将底领里下口往反面扣烫1cm，再在下口正面压缉0.6cm明线（图4-1-22、图4-1-23）。

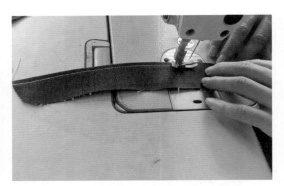

图4-1-22　烫底领里　　　　　　　　　　　图4-1-23　缉底领里

（4）夹缉翻领。将底领面放下层（底领面朝上），翻领放中层（翻领面朝上），底领里放上层（底领里朝上），三层中点眼刀对齐，沿底领里净样线缝合一圈，注意领角左右对称（图4-1-24）。

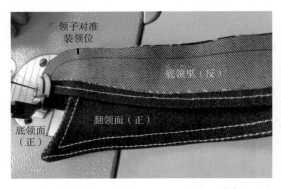

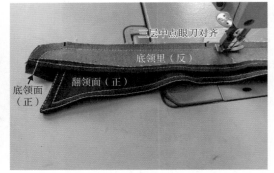

图4-1-24　夹缉翻领

（5）熨烫衣领。底领往下翻出、翻足，圆头要圆顺，熨烫平服，再沿着领里边沿将底领面下口净样线画好（图4-1-25、图4-1-26）。

沿着底领里下口画净样线

图4-1-25 熨烫衣领 图4-1-26 画底领净样线

5. 装衣领

（1）缝合底领面与衣片。先做好装领的中点标记，要求底领面中点与后衣片中点对齐，可先固定，再将底领面与门里襟装领位置对齐，沿底领面净样线缝合1cm缝份，注意门襟、里襟两头塞足塞平（图4-1-27、图4-1-28）。

图4-1-27 做领中点标记 图4-1-28 缝合底领面与衣片

（2）底领里缉明线。底领里距翻领4cm处开始缉线，沿底领里四周缉0.1cm一圈，注意重合线接口隐藏在翻领里面（图4-1-29）。

起针

图4-1-29 底领里缉明线

6. 开袖衩、装袖

（1）熨烫袖衩。将袖衩条居中对折，熨烫两次，注意袖衩条里比面略宽0.1cm

（图4-1-30）。

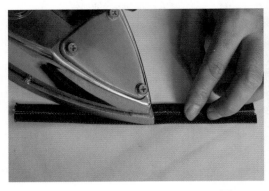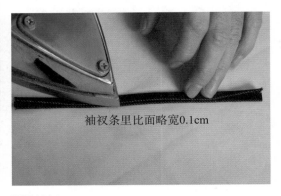

图4-1-30　熨烫袖衩

（2）缉袖衩。袖衩条夹缉开衩位置，沿袖衩条正面缉0.1cm明线，注意转角位置夹缉0.3cm，其他位置夹缉0.6cm，不能出现落坑、跳针等现象（图4-1-31）。

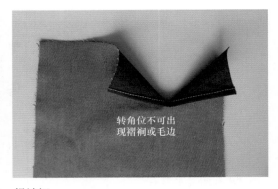

图4-1-31　缉袖衩

（3）缉三角、固定袖衩。在袖衩条反面封三角，以固定袖衩（图4-1-32、图4-1-33）。

图4-1-32　缉三角　　　　　　　　　　　　图4-1-33　固定袖衩

（4）装袖子。将袖子正面与衣片正面相叠，沿袖窿弧线缉1cm缝头，拷边后再将缝头倒向衣片，沿着袖窿缝0.1cm+0.6cm双明线（图4-1-34）。注意装袖子时，缉至袖山处时要将袖窿稍微拉紧，让袖山有吃势容量；袖山明线顺直，宽窄一致。

图4-1-34 装袖子

7. 合袖底缝、侧缝

袖底十字缝对齐，前片放上层，从袖口到侧缝压缉1cm缝份，缉线缝份要均匀，再将拼好的侧缝和袖底缝一起拷边，缝份倒向后片（图4-1-35、图4-1-36）。

图4-1-35 合袖底缝、侧缝   　图4-1-36 袖底缝、侧缝拷边

8. 做袖头

（1）缝合袖头。袖头上口处面比里低1cm，在袖头两侧各缉1cm缝合线，注意前后倒针，拼缝好之后将袖头正面翻出，熨烫平服（图4-1-37）。

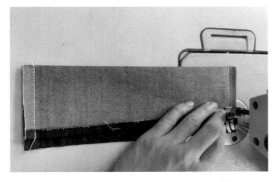
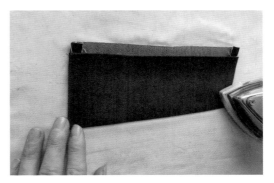

图4-1-37 缝合袖头

（2）缝合袖头里与袖片。袖里画好净样线，袖里正面与衣袖反面相叠，沿净样线缝合，注意袖头前后两端对齐（图4-1-38、图4-1-39）。

图4-1-38　袖里画好净样线　　　　　　　　图4-1-39　缝合袖头里与袖片

（3）袖头缉明线。将袖头翻出后烫平、烫煞，袖头正面盖过袖里缝合线0.1cm，四周缉0.1cm明线，袖头上口也可缉0.1cm+0.6cm双明线，注意缝份要顺直、平整，宽窄一致（图4-1-40）。

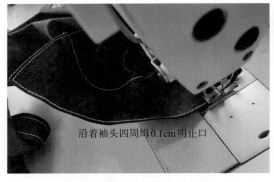

沿着袖头四周缉0.1cm明止口

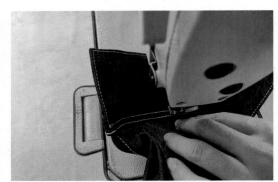

图4-1-40　袖头缉明线

9. 卷底边

门里襟对合，校对长短，做好熨烫标记。底边进行两次折烫，将毛缝扣光，在反面压缉0.1cm的止口，注意面线略调紧，以保证底边正面明线线迹美观（图4-1-41）。

10. 锁眼、钉纽扣

按扣眼位置在右门襟处用凤眼机开凤眼，按眼位的位置在左里襟处钉纽扣（图4-1-42、图4-1-43）。

图4-1-41　卷底边

图4-1-42　锁眼

图4-1-43　钉纽扣

11. 整烫

用蒸汽熨斗对牛仔女衬衫进行全面整烫，先烫门里襟，然后烫衣身、衣领、衣袖、侧缝、底边等（图4-1-44）。

图4-1-44　整烫

12. 成品

牛仔女衬衫制作完成。

◎ 巩固训练

1. 写出牛仔女衬衫的款式特点和工艺流程。

2. 根据表4-1-1生产单规格和要求，制作一件L码的牛仔女衬衫。

◎ 制作要求与任务评价（表4-1-3）

表4-1-3　牛仔女衬衫缝制工艺任务评价表

序号	内容	标准与分值	自评	互评	师评	企业或客户评	备注
1	规格	符合成品规格尺寸，一项不符合扣1分（10分）					
2	前门里襟	前片门里襟宽窄、长短一致，纱线顺直、不起扭，一项不符合扣3分（15分）					
3	前衣片	门里襟丝缕归正、宽窄一致、不起扭，锁眼、钉纽对位准确、美观，前贴袋平服，双明线顺直。衣身拼缝位置准确，明线宽窄一致，线距跟板，不能跳针或有接线，不能起拱，要顺直，一项不符合扣3分（15分）					
4	后衣片	过肩与后中拼缝对位准确，缝份往后中坐倒，方向一致，明线缉线均匀，线距跟板，不能跳针或有接线，不能起拱，要顺直，一项不符合扣3分（15分）					
5	衣领底边	衣领与衣身对位，顺直、平服、不起扭。底边丝缕归正，顺直、平服、不起扭、明线宽窄一致，一项不符合扣2分（15分）					
6	袖子	对位准确，袖山缝合长短、宽窄一致，袖衩无落坑、跳针现象，袖头两端对齐，明线顺直平服，宽窄一致，一项不符合扣2分（10分）					
7	锁边	侧缝用五线锁边，向后片坐倒，正面从上到下压双明线，明线宽窄一致，顺直、均匀，一项不符合扣1分（5分）					
8	车缝线	底面线松紧适宜，无串珠，无起涟，面线无驳线。针距1英寸8针，及骨1英寸11针，全件不能驳线，一项不符合扣2分（5分）					
9	整烫	熨烫平整、无焦黄、无极光、无水花等，一项不符合扣2分（10分）					
合计							

◎ 知识拓展　宝剑头袖衩缝制工艺

1. 成品款式

宝剑头袖衩如图4-1-45所示。

图4-1-45　宝剑头袖衩

2. 制作规格（表4-1-4）

表4-1-4　制作规格　　　　　　　　　　单位：cm

部件	袖克夫宽	袖口宽	袖衩高	贴袋高	活褶	大袖衩高	小袖衩高
规格	6	19.8	12	12	2×2	16	12

3. 材料准备

袖克夫×2，袖克夫衬×1，袖片×1，门襟袖衩×1，里襟袖衩×1。

4. 工艺流程

核对宝剑头袖衩纸样和部件主要尺寸→烫袖衩→烫袖克夫→缝制袖克夫→剪袖衩→缉里襟袖衩→缉门襟袖衩→收袖口褶裥→缝合袖底缝→装袖克夫

5. 缝制方法与步骤

（1）核对宝剑头袖衩纸样和部件主要尺寸。根据款式要求做出相应的纸样，并将相对重要部件尺寸标注在纸样上（图4-1-46）。

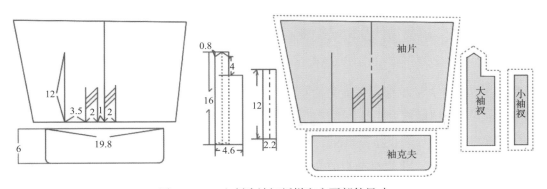

图4-1-46　宝剑头袖衩纸样和主要部件尺寸

（2）做缝制标记。将袖口褶裥位和袖衩位做好对位刀眼标记。

（3）烫袖衩。将门襟袖衩与里襟袖衩按照净样熨烫，要求宝剑头处烫对称，折出尖角烫煞，门里襟上下宽窄一致，丝缕顺直，且面比里小0.1cm（图4-1-47）。

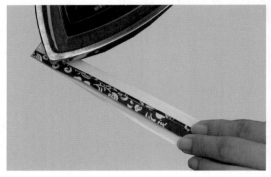

图4-1-47　烫袖衩

（4）烫袖克夫。将袖克夫衬熨烫在袖克夫面的反面，然后将袖克夫面里口缝头扣烫（图4-1-48）。

图4-1-48　烫袖克夫

（5）缝制袖克夫。将袖克夫面与袖克夫里正面对叠，沿着净样线缉线，将袖头缝份修剪成0.3cm，再翻到袖克夫正面，熨烫平整（图4-1-49）。

（6）剪袖衩。袖口开衩净长11cm，将袖衩缝剪成Y形（图4-1-50）。

（7）缉里襟袖衩。将里襟袖衩放在袖片小片处，把剪开的缝头夹于其内，在里襟正面压缉0.1cm，然后将衣片正面朝上，将三角与里襟条缉牢（图4-1-51）。

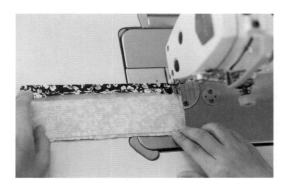

图4-1-49　缝制袖克夫

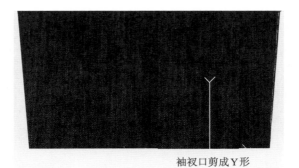

袖衩口剪成Y形

图4-1-50　剪袖衩

袖片缝头夹在里襟袖衩里面

封三角

缉0.1cm明止口

图4-1-51　缉里襟袖衩

（8）缉门襟袖衩。将门襟袖衩放置在袖片的大片处，把剪开的缝头夹于其内，沿止口处压缉0.1cm，打回针封口，要求缉线顺直，表面平整无毛边，袖衩宽窄上下一致（图4-1-52）。

袖片缝头
夹在门襟
袖衩里面

图4-1-52　缉门襟袖衩

（9）收袖口褶裥。将袖口按照褶裥标记折叠，沿袖口缉0.5cm固定袖口褶裥，注意褶裥是向后袖方向折叠（图4-1-53）。

（10）缝合袖底缝。将袖子对折，左右袖底缝对齐，然后正面相叠，缉1cm缝头（图4-1-54）。

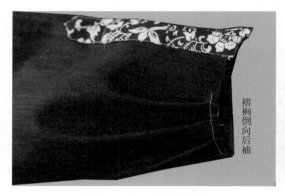

褶裥
倒向
后袖

图4-1-53　收袖口褶裥　　　　　　　　图4-1-54　缝合袖底缝

（11）装袖克夫。采用上面压里的方法装袖克夫，注意袖衩门襟、里襟都要放平，长短要一致，袖克夫无探出（图4-1-55）。

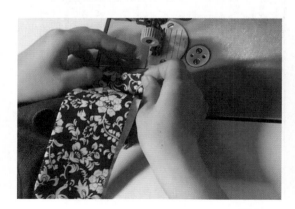

图4-1-55　装袖克夫

（12）完成衬衫宝剑头袖衩成品。

任务二　　牛仔马甲缝制工艺

◎ **任务导入**

某服装公司对牛仔马甲市场进行了全面调研，根据市场需求及客户的喜爱，要求设计部设计几款新潮的牛仔马甲，并从中挑选出客户满意度最高的款式进行加工生产，要求在板房先进行M码的样衣制作，制作工艺生产单见表4-2-1。

表4-2-1　牛仔马甲工艺生产单

客户				款号		BANALI2		下单日期	
主面	GT638蓝色			款式	牛仔马甲	数量	800件	出货日期	
号型	XS	S	M	L	XL	合计	用量		床数	
数量/件	100	100	200	200	200	800	缩水率	长5%，宽8%	布料成分	93%棉 7%氨纶
布封		144.75cm				实裁数		+3%，824件		

洗水前辅料				洗水后辅料			
名称	规格数量	名称	规格数量	名称	规格数量	备注	
面线	608浅蓝	洗水唛/尺码	数字织唛	大纽	古铜色20mm空心纽	里襟×5	
底线	604浅蓝	主唛/小尺码	有	小纽	古铜色12mm空心纽	肩祥×4 袋盖×2	
打枣线	跟板	旗唛	无	吊牌	1	挂后领贴标签上	
凤眼线	跟板	横唛	无	合格证	1	挂后领贴吊牌上	
锁边五线	604宝蓝	长唛	无	拷贝纸	1	后片对折中间	
				小胶袋	35mm×45mm	小胶袋上贴条形码	

洗水后尺寸/cm						洗水前尺寸/cm					
码数	XS	S	M	L	XL	码数	XS	S	M	L	XL
后中长	43	44	45	46	47	后中长	45.3	46.3	47.4	48.4	49.5
肩宽	32	33	34	35	36	肩宽	33	34	35.1	36.1	37.1
胸围	78	81	84	87	90	胸围	80.4	83.5	86.6	89.7	92.8
脚围	70	73	76	79	81	脚围	72.2	75.3	78.4	81.4	83.5
领围	39	40	41	42	43	领围	40.2	41.2	42.3	43.3	44.3
衫脚高	4	4	4	4	4	衫脚高	4.2	4.2	4.2	4.2	4.2

车间生产工艺要求：

1. 前片门里襟长短、宽窄一致，分割位对齐，口袋左右对称，装袋绲线顺直，无落坑，双明线宽窄一致

2. 后片过肩丝绺归正、平服，双明线宽窄一致，后侧分割线缝头倒向后中绲 0.6cm 单明线

3. 领子左右对称，领角有窝势，领角翻尖翻足，领里不吐止口，领面绲 0.1cm+0.6cm 双明线。装领与肩缝、后中等部位对位准确，绲线顺直，不落坑

4. 袖窿贴边肩缝、袖底缝对位准确，肩部居中夹绲肩袢

5. 登闩上下层宽窄一致，丝绺一致、平服，不起涟。装饰袢对齐侧缝，登闩明线无落坑、无断线、无跳针，针距跟板

6. 底面线松紧适宜，无串珠，无起涟，面线无驳线。针距1英寸8针，全件不能驳线

7. 此款马甲主要采用吊磨、马骝、酵洗三种不同的洗水工艺

正面

背面

生产车间	× 车间 × 组	跟单		审核	

◎ 任务要求

1. 了解牛仔马甲的款式特点及缝制工艺要求。

2. 掌握牛仔马甲各部位的制作方法和技巧，使各部位制作尺寸符合成品要求。

3. 通过小组合作，激发学生的学习动力，使学生不断完善自我、提高自我、超越自我。

◎ 任务实施

一、样衣分析

1. 款式特点

此款牛仔马甲为短款无袖，适合春秋季节穿着，下摆装登闩（又名衫脚），领型为普通关门领，前片左右各有一个袋盖贴袋，前后衣片有横向分割线，前片从胸围宽到下摆有两条竖向分割，袖窿弧线为复古流苏，肩部有两个肩袢，下摆登闩有两个装饰袢，前中钉五枚工字扣，双明线宽为 0.1cm+0.6cm，单明线为 0.6cm，右领角、右前上、左袋盖手工钉珠子，工艺说明如图4-2-1所示。

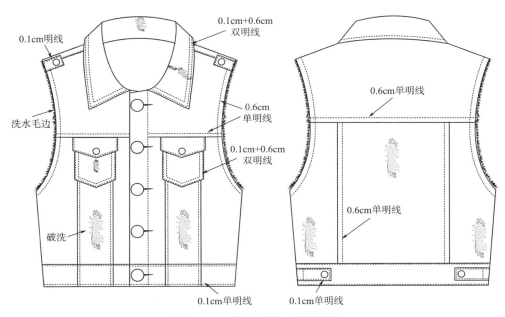

图4-2-1　牛仔马甲工艺说明图

2. 裁片数量（图4-2-2）

前中片×2，前侧片×2，前襟片×2，贴袋×2，袋盖×4，后中片×1，后侧片×2，前育克×2，后育克×1，领片×2，肩衬×4，登闩×1，前袖窿贴边×2，后袖窿贴边×2。

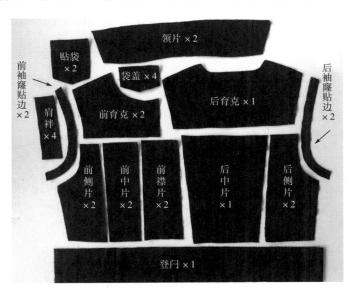

图4-2-2　牛仔马甲裁片类型和数量

3. 制作规格（表4-2-2）

表4-2-2　牛仔马甲的制作规格

单位：cm

号型	后中长	肩宽	胸围	脚围	领围	衫脚高
155/80A	45	34	84	76	41	4

二、缝制工艺流程

缝制前衣片→缝制后衣片→肩缝、侧缝的缝制→做、装领子→做装肩祥、装袖窿贴边→缝制装下摆登闩、装饰祥→锁眼、钉纽、整烫

三、缝制方法与步骤

1. 缝制前衣片

（1）缝合前侧与前中。马甲的前侧与前中分割线对齐，正面与正面对叠，缝合 1cm 缝头后，拷边，缝头倒向前中，在前中正面压缉 0.6cm 明线（图 4-2-3、图 4-2-4）。

缝制前衣片

 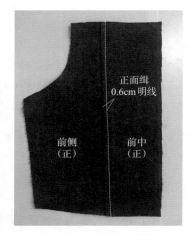

图 4-2-3　缝合前侧与前中　　　　图 4-2-4　前中压明线

（2）缝合前中与前襟。马甲的前中与前襟分割线对齐，正面与正面对叠，缝合 1cm 缝头后，拷边，缝头倒向前中，在前中正面压缉 0.6cm 明线（图 4-2-5、图 4-2-6）。

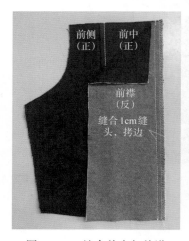 

图 4-2-5　缝合前中与前襟　　　　图 4-2-6　前中压明线

（3）熨烫贴袋上口。贴袋上口拷边后，按净样板尺寸，袋上口往反面熨烫 1.5cm（图 4-2-7、图 4-2-8）。

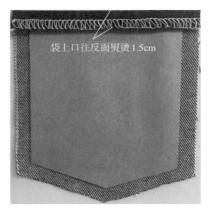

图4-2-7　贴袋上口拷边　　　　　　　　图4-2-8　熨烫上口边

（4）制作贴袋上口。贴袋上口正面缉1cm明线，然后四周按照净样板尺寸，往反面熨烫（图4-2-9、图4-2-10）。

图4-2-9　贴袋上口缉明线　　　　　　　图4-2-10　熨烫贴袋四周

（5）制作贴袋袋盖。袋盖正面对叠，缉1cm缝头后翻出正面，然后在袋盖正面缉0.6cm明线（图4-2-11、图4-2-12）。

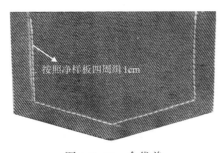

图4-2-11　合袋盖　　　　　　　　　　图4-2-12　袋盖缉明线

（6）装贴袋、装袋盖。贴袋袋口距离前片横向分割线止口2cm处，做好装袋标记，居中放平，四周缉0.1cm+0.6cm明线（图4-2-13）。再将袋盖对齐前片横向分割线，并与贴袋居中放平，缉0.3cm明线固定（图4-2-14）。

155

图4-2-13　装贴袋　　　　　图4-2-14　装袋盖

（7）合前育克。前育克与衣片对齐，正面与正面对叠，在反面缉1cm缝头后拷边，注意前后倒回针（图4-2-15）。再翻到前片正面，缝头往肩缝方向坐倒，正面缉0.6cm明线，注意明线宽窄一致、顺直（图4-2-16）。

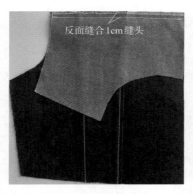

图4-2-15　合前育克　　　图4-2-16　前育克缉明线

（8）熨烫门襟。前片门襟熨烫两次，先往反面熨烫1cm缝头，再往反面熨烫3cm门襟宽（图4-2-17）。

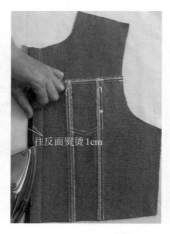

图4-2-17　熨烫门襟

（9）制作门襟。前片门襟翻到反面，缉1cm长、1.5cm宽的领嘴，然后用剪刀对准转角位剪45°剪口（图4-2-18）。注意恰好剪至转角缉线处，不能不足也不能剪过头、剪断线。再将门襟翻到正面，在前中门襟位置缉0.1cm+3cm明线（图4-2-19）。

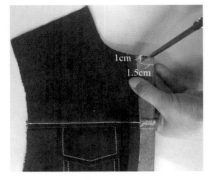

图4-2-18　缉门襟领嘴

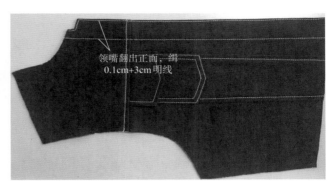

图4-2-19　门襟缉明线

2. 缝制后衣片

（1）缝合后中与后侧。后中与后侧正面与正面对叠，在反面缉1cm缝头后拷边（图4-2-20）。缝头往后中坐倒，在正面缉0.6cm明线（图4-2-21）。

图4-2-20　缝合后中与后侧

图4-2-21　后中缉明线

（2）缝合后过肩。后过肩与后衣片下部分缝合1cm缝头后拷边（图4-2-22）。缝头往肩缝方向坐倒，在正面缉0.6cm明线（图4-2-23）。

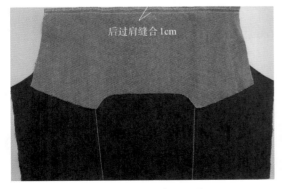

图4-2-22　缝合后过肩

图4-2-23　过肩缉明线

3. 肩缝、侧缝的缝制

（1）合肩缝。前后片正面对叠，肩缝对齐，缝合1cm缝头后拷边（图4-2-24）。再将前后片打开铺平，缝头倒向后片，在肩缝正面缉0.6cm明线（图4-2-25）。

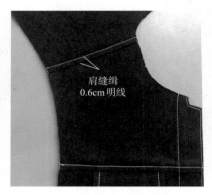

图4-2-24　合肩缝　　　　　　　　图4-2-25　肩缝缉明线

（2）合侧缝。前后片正面与正面对叠，侧缝缝合1cm缝头后拷边（图4-2-26）。

4. 做、装领子

（1）熨烫领面。将领面下口装领部位往反面熨烫1cm缝头（图4-2-27）。

（2）缝合领面与领里。领面比领里下口低落1cm，正面对叠，缝合1cm缝头。注意面松里紧，领角处带一股线加进领子转角最后一针处（图4-2-28）。

（3）翻领子。领子翻出正面，领角两端手中带线轻轻拉出，使领角翻得更尖、更足（图4-2-29）。

（4）装领。领里下口与衣片装领部位对齐，正面对叠，后领圈中心刀口与领里中心刀口对齐，按净粉线缝合1cm缝头

图4-2-26　合侧缝

图4-2-27　熨烫领面

图4-2-28　缝合领面与领里　　　　　　图4-2-29　翻领子

（图4-2-30）。再将缝头塞进领子里面，领面下口盖过领里下口缝合线0.1cm，在领面下口正面缉0.1cm明线后，领面其他三边缉0.1cm+0.6cm明线（图4-2-31）。

图4-2-30　装领　　　　　　　　　　　图4-2-31　领子缉明线

5. 做装肩衬、装袖窿贴边

（1）做肩衬。肩衬正面与正面对折，两侧缝合1cm缝头，注意前后倒针，以免开口（图4-2-32）。肩衬翻出正面，三边缉0.1cm明线（图4-2-33）。

图4-2-32　合肩衬　图4-2-33　肩衬缉明线

（2）缝合袖窿贴边。前后袖窿贴边肩对肩，袖底对袖底，两端缝合1cm缝头（图4-2-34）。再将贴边与衣片袖窿正面对叠，肩衬夹在衣片袖窿与贴边中间，缝合1cm后拷边（图4-2-35）。

（3）袖窿压明线。将袖窿贴边翻出正面，做须边效果，缝头倒向衣身，在正面缉0.6cm明线（图4-2-36）。

图4-2-34　合袖窿贴边　　图4-2-35　装袖窿贴边　　图4-2-36　袖窿压明线

6. 缝制下摆登闩

（1）熨烫登闩。登闩往反面进行两次熨烫，第一次往反面烫1cm，第二次上口留出1cm缝头后，对折熨烫（图4-2-37）。

缝制下摆登闩

图4-2-37　熨烫登闩

（2）装登闩。登闩下摆正面与衣身反面对叠，两端距离前中止口4cm处开始，缝合1cm缝头（图4-2-38）。

图4-2-38　装登闩

（3）登闩压明线、缝合装饰袢。将登闩正面翻出，前中封口处缝头往里折成直角，登闩上口正面刚好盖过缝合线，四周缉0.1cm明线，并且将装饰袢对齐下摆侧缝处，在反面缝合1cm后修剪成0.5cm缝头，然后在正面缉0.6cm明线（图4-2-39、图4-2-40）。

图4-2-39　登闩压明线　　　　　　　　图4-2-40　缝合装饰袢

7. 锁眼、钉纽、整烫

（1）做缝制标记。在马甲门襟、里襟上做缝制标记（图4-2-41）。

（2）锁眼。在马甲门襟的正面进行锁眼（图4-2-42）。

（3）钉纽。在马甲里襟的正面用纽扣机钉纽（图4-2-43）。

（4）整烫。将马甲放平整，用蒸汽烫斗进行全面整烫，注意温度适宜，无焦黄、无极光、无污渍等（图4-2-44）。

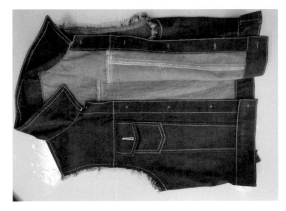

图4-2-41　做缝制标记

图4-2-42　锁眼

图4-2-43　钉纽

图4-2-44　马甲整烫

8. 成品

牛仔马甲制作完成。

注意：

（1）袖窿采用流苏须边设计，因此，在制作时袖窿贴边与衣片缝合的一侧锁边，另一个外侧不锁边，方便做出流苏效果。

（2）为了减少厚度，肩袢里可错位0.6～0.8cm进行缝合。

（3）领子与衣片后中、左右肩缝做好对位标记。

（4）下摆两个装饰袢可缝合在登闩正面单层上面，这样可将底线隐藏在两层登闩之间，达到美观、实用的效果。

◎ 巩固训练

1. 写出牛仔马甲的款式特点和工艺流程。

2. 按照工艺流程进行牛仔马甲的制作。

◎ 制作要求与任务评价（表4-2-3）

表4-2-3　牛仔马甲缝制工艺任务评价表

序号	内容	标准与分值	自评	互评	师评	企业或客户评	备注
1	规格	各部位符合成品规格尺寸（10分）					
2	前衣片	缝头倒向正确，左右对称（5分）					
		明线缉线顺直，宽窄一致，互差不超0.1cm（5分）					
3	口袋	贴袋平服，对位准确（5分）					
		袋盖略大于贴袋0.3cm，袋盖袋角有窝势，左右对称，互差不超0.1cm（5分）					
		装袋缉线顺直，无落坑，双明线宽窄一致，互差不超0.1cm（5分）					
4	门襟、里襟	门襟、里襟丝缕归正，顺直、平服，互差不超0.1cm，锁眼、钉纽定位准确、美观（5分）					
		门襟、里襟领嘴左右对称，宽窄、大小一致（5分）					
5	后衣片	缝头倒向后中，左右对称（5分）					
		过肩丝缕归正，平服，双明线宽窄一致，互差不超0.1cm（5分）					
6	领子	领面、领里松紧一致，缉线顺直，左右对称，互差不小于0.1cm（5分）					
		领角左右对称有窝势，领角翻尖翻足（5分）					
		领面明线宽窄一致，领里不吐止口（5分）					
		装领与肩缝、后中等部位对位准确，缉线顺直，不落坑（5分）					

序号	内容	标准与分值	自评	互评	师评	企业或客户评	备注
7	袖窿贴边	袖窿贴边前后片对位准确，肩部居中夹缉肩袢，缝头倒向正确（5分）					
8	登闩	登闩上下层丝绺一致、平服，不起涟（5分）					
		登闩宽窄一致，肩袢对齐侧缝（5分）					
		登闩明线无落坑、无断线、无跳针，针距跟板（5分）					
9	整烫	无焦黄、无极光、无污渍（5分）					
合计							

◎ 知识拓展　马甲贴袋缝制工艺

1. 成品款式

马甲贴袋如图4-2-45所示。

图4-2-45　马甲贴袋

2. 制作规格（表4-2-4）

表4-2-4　制作规格　　　　　　　　　　　　　　　　　　单位：cm

部件	袋盖高	袋盖宽	贴袋下宽	贴袋高	贴袋上宽	贴袋侧高	贴袋内贴	门襟	登闩
规格	5	15	14	24	5	8	2.5	4	4

3. 材料准备

上前衣片×1、下前衣片×1，袋盖×2，贴袋×1，登闩×2。

4. 工艺流程

核对马甲贴袋纸样→缝袋盖、修剪袋盖→翻转袋盖、压缉袋盖明线→画袋盖净样并熨烫贴袋→缝贴袋口→缉袋口→装贴袋→固定袋盖与衣片→拼合衣片→缝制门襟→做登闩→装登闩→缉门襟外口及登闩外口明线

5. 缝制方法与步骤

（1）核对马甲贴袋纸样。根据款式要求做出相应的纸样，并将相对重要部件尺寸标注在纸样上（图4-2-46）。

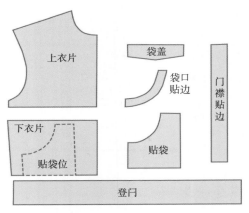

图4-2-46　马甲纸样

（2）画缝制标记线。将纸样平摆在面料裁片上，在定位纸样上穿孔扫粉，确定袋盖、贴袋、门襟的定位（图4-2-47、图4-2-48）。

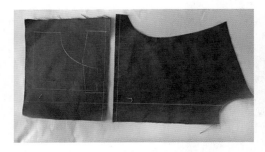

图4-2-47　做衣片缝制标记　　　　　图4-2-48　画袋盖净样线

（3）缝袋盖、修剪袋盖。沿着袋盖两侧边及下口净样线缉线，然后将三边缝头修剪成0.5cm（图4-2-49、图4-2-50）。

图4-2-49　缝袋盖　　　　　图4-2-50　修剪袋盖缝头

（4）翻转袋盖、压缉袋盖明线。将袋盖翻转到正面，然后缉袋盖明线（图4-2-51）。

图4-2-51 压缉袋盖明线

（5）画袋盖净样并熨烫贴袋。画贴袋净样线，并沿着净样线熨烫贴袋。注意由于牛仔面料会高温烫缩，需拿实样对照熨烫（图4-2-52、图4-2-53）。

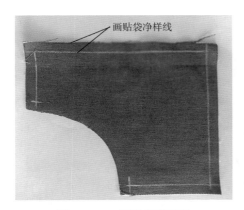

图4-2-52 画贴袋净样线

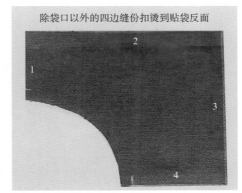

图4-2-53 熨烫贴袋

（6）缝贴袋口。将袋口贴边拷边后与贴袋正面相叠，沿着袋口缉缝头0.8cm，然后将缝份倒向贴边，压缉贴边内口0.1cm明止口（图4-2-54）。

图4-2-54 缝贴袋口

（7）缉袋口。将袋口贴边翻折到反面熨烫牢固，注意贴边不能反吐，然后沿着袋口净样线缉明线（图4-2-55）。

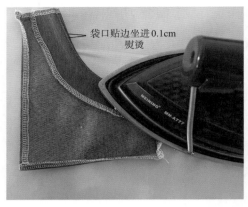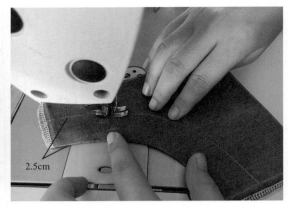

图4-2-55　缉袋口

（8）装贴袋。将贴袋底部的缝份与衣片缝合，沿着贴袋底部缉0.5cm，注意贴袋净样线要对准衣片底边净样线。然后将贴袋翻正，沿着贴袋外口缉线固定贴袋与衣片（图4-2-56）。

图4-2-56　装贴袋

（9）固定袋盖与衣片。将袋盖放置在画好的标记位置上，然后沿着袋盖上口缉0.5cm固定袋盖与衣片（图4-2-57）。

图4-2-57　固定袋盖与衣片

（10）拼合衣片。将上衣片与下衣片正面相叠，分割部位缝份对齐（图4-2-58）。

图4-2-58　拼合衣片

（11）缝制门襟。将门襟贴边与衣片正面相叠，沿着门襟缉1cm缝头，然后将门襟贴边翻折到衣片反面，熨烫平整。熨烫时要注意贴边布比衣片要坐进0.1cm，再压缉门襟里侧明线（图4-2-59）。

图4-2-59　缝制门襟

（12）做门闩。将门闩沿着净样板扣烫缝份，然后将门闩两侧及下端缝合（图4-2-60）。

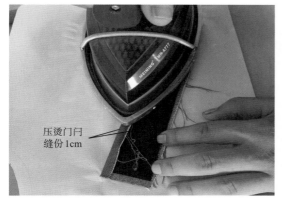
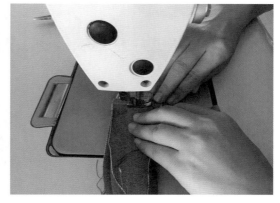

图4-2-60　做门闩

（13）装门闩。将门闩面的正面与相叠，缉1cm缝份，然后将门闩翻到反面，将缝份夹入门闩之间，然后沿着门闩上口缉0.1cm明止口（图4-2-61）。

图4-2-61　装登闩

（14）缉门襟外口及门闩外口明线。沿着门襟外口及门闩外口缉0.1cm明止口，注意明止口宽窄一致（图4-2-62、图4-2-63）。

图4-2-62　门襟正面压线　　　　　　　　图4-2-63　登闩正面压线

（15）完成马甲贴袋成品。

任务三　男式牛仔上衣缝制工艺

◎ 任务导入

某服装公司样板房接到一款男式牛仔上衣的工艺生产单，公司提供了款式图和规格尺寸。公司样板房需要先按工艺生产单要求制作一件M码的男式牛仔上衣样衣，样衣产品经检验合格后再大货生产。请在规定时间内按工艺生产单要求完成男式牛仔上衣的样衣制作。

男式牛仔上衣工艺生产单见表4-3-1。

表4-3-1 男式牛仔上衣工艺生产单

客户					款号		MUTXXK3		下单日期		
主面	GT638L 蓝色			款式	男式牛仔上衣	数量	500件		出货日期		
号型	XS	S	M	L	XL	合计	用量			实裁数	+3%，515件
数量/件	50	125	150	125	50	500	缩水率	长5%，宽3%		布料成分	97%棉3%氨纶
两边侧缝裇可活动，钉铜纽扣							布封	144.75cm（57英寸）			
要求：先松布后裁，单双牌拷边							袋布	白色			

洗水前辅料				洗水后辅料			
名称	规格数量	名称	规格数量	名称	规格数量	备注	
面线	608土黄	洗水唛/尺码	数字织带	纽	红古铜2cm空心纽	12粒（前袋盖×2，前门襟×6，袖口×2，侧摆裇×2）	
底线	608土黄608土黄	主唛小尺码	有	钉	红古铜0.6cm	无	
拷边三线	803白色	四方唛	无	吊牌	1	挂左前裙片耳仔上	
拷边五线	604白色	横唛	无	合格证	1	贴布白掉牌上	
打枣线	跟板	旗唛	无	拷贝纸	MUT（客供）	后裙片对折中间	
凤眼线	跟板	长唛	无	小胶袋	55mm×45mm	小胶袋上贴条形码	

部位	成品尺寸/cm	洗水前尺寸/cm	成品尺寸/cm	洗水前尺寸/cm	成品尺寸/cm	洗水前尺寸/cm	成品尺寸/cm	洗水前尺寸/cm	成品尺寸/cm	洗水前尺寸/cm	档差尺寸/cm
码数	XS		S		M		L		XL		
后中长	66	69.5	67	70.5	68	71.6	69	72.6	70	73.7	1
胸围（拉平量）	100	103.1	103	106.2	106	109.3	109	112.4	112	115.5	3
摆围	94	96.9	97	100	100	103.1	103	106.2	106	109.3	3
袖长	54	56.8	55	57.9	56	58.9	57	60	58	61.1	1
袖口	23	23.7	23.5	24.2	24	24.7	24.5	25.3	25	25.8	0.5
袖克夫宽	5	5.3	5	5.3	5	5.3	5	5.3	5	5.3	0

续表

车间生产工艺要求： 1. 男式牛仔上衣的分割线、袖窿、贴袋均为撞色线双明线装饰，双线宽度均为0.1~0.6cm；领口、袖口等部位的单明线宽度为0.6cm 2. 前胸左右各一只贴袋，有袋盖 3. 前后过肩装撞色拼布条 4. 前片左右靠边纵向分割旁有两个单嵌线直挖袋，袋口一圈压0.1明线 5. 袖片开袖衩，装袖头；袖衩、袋口两端打枣封口 6. 袋盖、门里襟、袢、袖口部位共装12枚工字扣 7. 样衣由于拼接了不同色彩与材质的面料，在洗水时需考虑不同面料的缩水率、牢固度、工艺制作手法等 8. 整个衣身采用轻酵、炒雪花两种不同的洗水工艺	 正面 背面

◎ 任务要求

1. 掌握男式牛仔上衣的款式特点、缝制工艺要求，以及缝制工艺方法及技巧。
2. 根据生产单要求，按时完成工作任务，培养学生养成高效的工作习惯。
3. 通过项目的实施，培养学生精益求精、追求卓越的工匠精神。

◎ 任务实施

一、样衣分析

1. 款式特点

此款男式牛仔上衣的领型为普通关领，前后衣片有横向和纵向分割线，胸前左右各一个贴袋，加袋盖。门襟钉工字扣，前片左右两侧是斜插袋，袖子采用后袖纵向分割设计，袖口处开袖衩，加装袖头，下摆为平下摆，如图4-3-1所示。

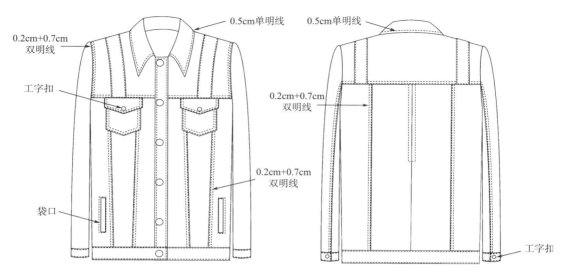

图4-3-1 男式牛仔上衣款式图

2. 裁片数量（图4-3-2）

前襟片×2，前中片×2，前侧片×2，前育克×2，后中片×2，后侧片×2，后育克×2，大袖×2，小袖×2，袖头×2，贴袋×2，嵌线条×2，袋垫布×2，门里襟×2，领子×2，袋盖×4，祥×2，登闩×1，过肩拼布条×2。

注意：本章中部件的裁片名称有多种称谓，书面用语和企业用语的叫法不同，如前育克（前坦干）、嵌线条（袋唇）、袖头（袖克夫、搭门）、登闩（底摆）、登闩搭门（耳仔、祥）等。

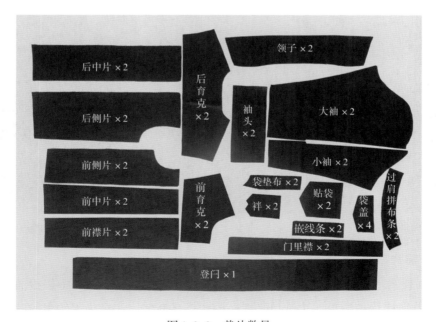

图4-3-2 裁片数量

3. 制作规格（表4-3-2）

表4-3-2　男式牛仔上衣的制作规格　　　　　单位：cm

号型	部位	后中长	肩宽	胸围	摆围	袖长	袖口	领围	登闩
170/94	规格	68	45	106	100	56	24	45	5

二、缝制工艺流程

缝制前衣片→制作前胸贴袋→制作单嵌线袋→缝肩缝、制作拼布条→缝合前后衣片→前片门襟、里襟的缝制→做领与装领→做袖与装袖（含袖头）→登闩的制作→锁眼、钉扣→整烫与后整理工艺

三、缝制方法与步骤

1. 缝制前衣片

（1）拼缝前衣片。将前侧片与前中片正面相叠，缉缝头1cm（图4-3-3）。再将前中片与前门襟缝合，方法相同。注意下层稍微带紧防止起皱，线迹要顺直平整。

（2）拷边熨烫。将缝制好的衣片进行拷边，双层一起拷边，然后缝头均朝外倒向两边后进行熨烫（图4-3-4）。

（3）压双明线。将熨烫好的前衣片压双明线，先在缝头边压0.1cm，然后接着压缉0.6cm，两条明线之间距离间隔0.5cm（图4-3-5）。

图4-3-3　拼缝前衣片　　　　　图4-3-4　前衣片反面　　　　　图4-3-5　正面压双明线

2. 制作前胸贴袋

（1）缝制袋盖。将袋盖面沿着净样板画净样线（图4-3-6），然后将袋盖面和袋盖里正面相对，沿着净样线在袋盖底边进行平缝一圈（图4-3-7）。注意袋盖领里的几个领角处稍微带紧形成窝势，正面不返吐反翘。

图4-3-6 袋盖画净样线

图4-3-7 缝制袋盖

（2）袋盖翻正、压双明线。缝完袋盖后修剪缝头，将袋盖翻正，袋盖角要翻正烫平，袋盖里层不返吐，袋角不反翘。压缉双明线，先压0.1cm，再压缉0.6cm，两线间隔0.5cm（图4-3-8、图4-3-9）。

图4-3-8 袋盖翻正

图4-3-9 压双明线

（3）做贴袋。带口上端拷边，然后沿着贴袋净样板进行扣烫，转角折平整（转角厚料处可以适当修剪点缝头减少厚度）。袋上端距离袋口边2cm处画一条净样线，沿线正面压缉明线（图4-3-10）。

图4-3-10 做贴袋

（4）装贴袋。将贴袋的位置画净样线进行定位（图4-3-11），然后对贴袋压缉双明迹线缝制（图4-3-12）。缝制时先沿贴袋外围边压0.1cm，接着压缉0.6cm，两条明线之间距离间隔0.5cm，注意起始针和收尾针要打来回针固定牢。

（5）固定袋盖。贴袋缝制完成后进行整理，再将袋盖与缝制完的贴袋进行定位，两个裁片都正面朝上，缝头上层全部对齐，沿缝头边缘缉线0.5cm将袋盖固定（图4-3-13）。

图4-3-11　贴袋定位

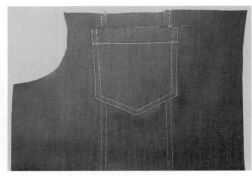

图4-3-12　装贴袋

制作单嵌线袋

图4-3-13　固定袋盖

3. 制作单嵌线袋

（1）单嵌线袋零部件拷边、画袋位。先将嵌线条反面对折烫平整拷边，袋垫布拷边（图4-3-14）。然后在前衣片开袋位画口袋净样线（图4-3-15）。

（2）固定袋垫布和嵌线条。先将袋垫布反面的一边画好1cm宽的净样线，嵌线条沿对折边隔1.5cm宽画净样线。再将袋垫布和嵌线条画净样线的一面朝上，正面与正面相对。然后在袋位起点处先后固定嵌线条和袋垫布，缝制时要沿着画好的净样线进行缝制，起止点打来回针固定牢，两条缝迹线要平行顺直，两端间距刚好与1.5cm宽的单嵌线条宽度一致（图4-3-16、图4-3-17）。固定袋垫布和嵌线条的反面如图4-3-18所示。

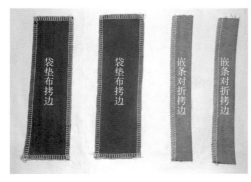

图4-3-14　单嵌线袋零部件拷边

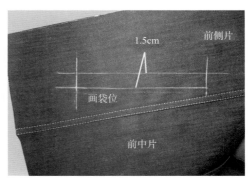

图4-3-15　画袋位

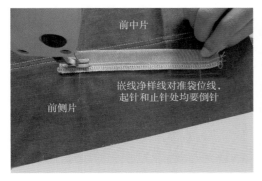

图4-3-16　固定嵌线条

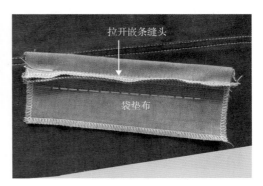

图4-3-17　固定袋垫布

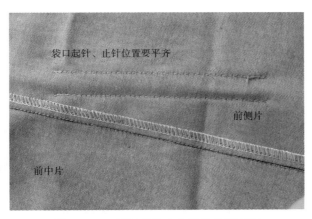

图4-3-18　固定袋垫布和嵌线条反面图

（3）剪三角。翻开袋垫布和嵌线条，从两条缝线中间开始沿中线向两端剪开，两边分别呈Y字形，剪三角时要注意剪口距离起止线端点隔两根纱距离，不能剪毛烂和剪断线（图4-3-19、图4-3-20）。

（4）压袋口明线。剪完三角后轻轻翻正，也可在反面将三角与衣片固定。整理好嵌条后在嵌条两端与袋垫布边压缉0.1cm明线固定（图4-3-21）。如装袋布则压缉衣片与嵌条布0.1cm明线时，注意底下的袋垫布要掀开，不要固定，单嵌线袋完成图如图4-3-22所示。

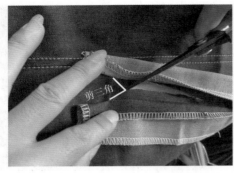

图4-3-19　剪三角（正面）

图4-3-20　剪完三角（反面）

图4-3-21　压袋口明线

图4-3-22　单嵌线口袋完成图

4. 缝合肩缝、制作拼布条

（1）拼合前后过肩缝。前后肩正面相对，左右两边分别平缝绱缝 1cm缝头，双层一起拷边，缝头倒向后面，压双明线。先正面压0.1cm 缝线，接着压缉0.6cm，两线间隔0.5cm（图4-3-23、图4-3-24）。

缝合肩缝、制作拼布条

图4-3-23　拼合前后过肩缝

图4-3-24　压过肩明线

（2）装饰条扣烫定位。扣烫育克装饰条，两边缝头扣烫1cm。在前后肩片上画装饰条的 净样位置定位，注意区分装饰条的前后位（图4-3-25、图4-3-26）。

（3）缝制前后装饰拼布条。在装饰条两边压0.1cm明线，缝制时注意做好定位，缝线 方向和张力保持一致，防止前后扭曲（图4-3-27、图4-3-28）。前后育克完成效果图如 图4-3-29所示。

图4-3-25　扣烫撞色装饰条

图4-3-26　画净样定位

图4-3-27　装饰拼布条摆放定位

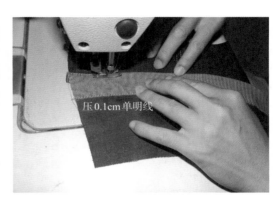

图4-3-28　压缉装饰拼布条

图4-3-29　前后育克完成效果图

5. 缝制前后衣片

（1）缝合前片。将前片上下裁片正面相对，缝合1cm缝头，双层拷边，缝头倒向上面，压双明线（图4-3-30、图4-3-31）。

（2）拼合后中片。后中片的后中缝分别拷边，再将后中片正面相对缉缝1cm拼合，烫分开缝，然后在正面压1.5cm宽的装饰线（图4-3-32、图4-3-33）。

（3）拼合后中片与后侧片。将后中片与后侧片对齐，正面相叠，缉缝头1cm，然后双层拷边，缝头倒向侧缝，正面压双明线，具体操作方法与缝制前衣片一致（图4-3-34）。

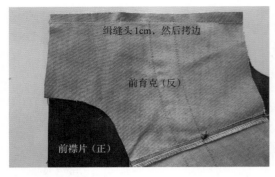

图4-3-30　缝合前片　　　　　　　　图4-3-31　压前育克明线

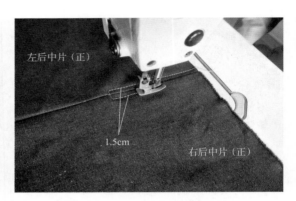

图4-3-32　拼合后中片　　　　　　　图4-3-33　压后中明线

（4）缝合后育克。将后育克与后衣片正面相对，缝合1cm缝头，双层拷边，缝头倒向上面，压双明线（图4-3-35）。

图4-3-34　拼合后中片与后侧片　　　　图4-3-35　缝合后育克

6. 前片门襟、里襟的缝制

（1）门、里襟的扣烫与缝制。将门、里襟的挂面直纱条沿着净样板扣烫平顺，在挂面条反面画出门襟净样线，将前衣片与挂面条正面相对，沿着画好的门襟净样线缝合1cm缝头，注意起止打来回针，在缝制门襟转角处缝线要顺直，转角方正。里襟缝制方法与门襟缝制方法一致。左右门、里襟的宽窄要一致，必须对称（图4-3-36、图4-3-37）。

图 4-3-36 扣烫门襟、里襟

图 4-3-37 缝制门襟、里襟

（2）压缉明线。在缝线转角处用剪刀尖剪开三角，剪口隔线端点 0.2cm 左右，不能剪断线，适当修剪缝头，翻出后会更平顺薄。翻正整理平顺后顺着门襟止口压 0.1cm 明线，再顺着门襟宽压 0.1cm 线固定（图 4-3-38、图 4-3-39）。

图 4-3-38 门襟压明线

图 4-3-39 固定门襟止口

7. 做领与装领

（1）领子的画样与扣烫。领面沿着净样板画出净样缝线，领面底边沿净缝线扣烫（图 4-3-40）。

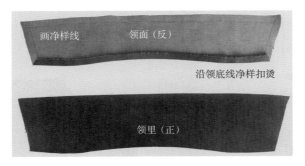

图 4-3-40 领子的画样与扣烫

（2）做领。在缝制时起止缝来回针，领面领里正面相对，顺着净样线缝制。注意在两个领角处做出窝势，即上层领面大缝制时松一点，下层领里要小缝制时适当带紧。缝完后修剪 0.5cm 的缝头，领角剪去三角，翻正翻足翻平烫顺。注意熨烫时领面比领里大 0.2cm 左右，烫出里外匀。沿着领面底边净样线印在领里画出净样缝线，左右大小要对称一致，如图4-3-41、图4-3-42所示。

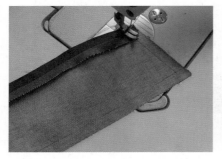

画领里下口净样线　　　　　　领面（正）

图4-3-41　做领　　　　　　　　　　　　图4-3-42　领里画净样

（3）装领。装领在缝制之前需先比对一下，领圈弧线和领里弧长一致时才能拼装。将领里的正面与衣片正面相对，先从一端开始，领里端口刚好对着门襟缺嘴处，沿着领底净样线缝制一圈，左右对称，大小一致。检查无误后包转缝头，折光整理平顺。在领里隔2cm左右位置起针倒缝加固，然后平缝0.1cm清止口固定领里。注意缝制面料层次较多，最底层面料稍微带紧，防止扭起不平顺。如图4-3-43、图4-3-44所示。

领里（反）

领面（正）

前育克（正）

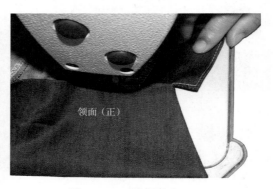

领面（正）

图4-3-43　装领　　　　　　　　　　　　图4-3-44　缝领底止口

（4）领口压双明线。领子装完后进行整理，从领嘴处起针依次压双明线（图4-3-45）。领子完成图如图4-3-46所示。

缉领子双明线

图4-3-45　领面压双明线　　　　　　　　图4-3-46　领子完成图

8. 做袖与装袖（含袖头）

（1）做袖衩。将大小袖片衩位分别拷边，小袖片衩位折转1cm缝份，缉双明线；再将大袖片衩位缝头折转两次，净宽1cm，缉双明线（图4-3-47）。

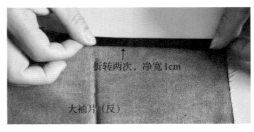

图4-3-47 做袖衩

做袖子、袖衩

（2）缝合袖片。将袖子的大小袖片正面相对缝合1cm至袖衩止口处打来回针固定，双层拷边。大袖片盖住小袖片，从袖衩位置起正面压双明线，注意要接线2~3针（图4-3-48、图4-3-49）。

图4-3-48 缝合袖片

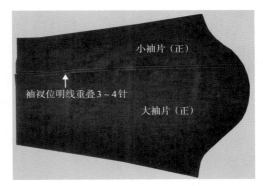

图4-3-49 压袖片明线

（3）装袖子。装袖缝制前先要比较袖子的袖山弧线与衣片的袖窿弧线长度是否吻合，袖子的袖山高处可适当多出点松量，然后将衣片与袖片正面相对缝合1cm，双层一起拷边。注意袖子分左右，完成后翻到正面，缝头倒向衣片，在衣片上压双明线，如图4-3-50、图4-3-51所示。

图4-3-50 装袖子

图4-3-51 袖窿压明线

（4）缝合袖底缝与侧缝。将袖子正面相对，从袖口处开始缝制直到侧缝底边处。注意袖底"十"字缝对接处要吻合，缝头倒向后片烫平（方法同任务一牛仔女衬衫中图4-1-35、图4-1-36）。

（5）做袖头。沿净样线扣烫袖头，从对折处翻折将袖头两端正面相对缝制1cm缝头，翻正翻足整理袖头，沿着袖底缝头画净样线，袖底缝头比袖面缝头多出0.1cm，如图4-3-52～图4-3-54所示。

（6）装袖头。将袖片的袖口反面朝上，袖头底面朝上，正反相对，再将袖衩和袖头两端点对齐，沿袖头净样线缝制一圈，袖子的缝头为1cm（图4-3-55、图4-3-56）。缝完后适当修剪缝头，把袖头翻正翻足并折光，压缉0.1cm线固定袖头一圈清止口，接着在袖头三边压缉0.6cm，两线间隔0.5cm，完成袖头双明迹线的缝制（图4-3-57）。

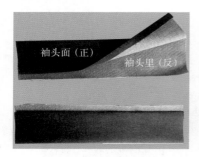
图4-3-52　扣烫袖头

图4-3-53　缝制袖头两端

图4-3-54　画净样线

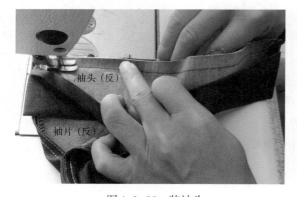
图4-3-55　装袖头

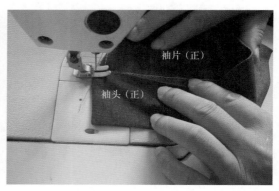
图4-3-56　压袖头明止口

9. 登闩（底摆）的制作

（1）登闩的扣烫与装摆。登闩按底边大小要求进行扣烫，扣烫完登闩里面要比正面略大0.1cm的里外匀。将衣片正面朝上，与登闩条正面相对，起止打来回针，从头开始沿净样线进行缝制，登闩缝头缝制1cm。缝完后将底边登闩的两端缝合，适当修剪缝份后翻正翻足，整理登闩及尖角。如图4-3-58、图4-3-59所示。

图4-3-57　袖头压双明线效果图

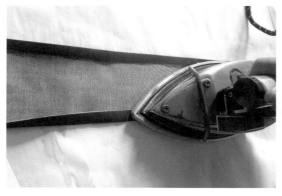

图4-3-58　扣烫登闩　　　　　　　　　　　图4-3-59　装登闩里

（2）装登闩（底摆）。从一端2~3cm处起针开始压来回针，固定登闩一周缉0.1cm的线，接着压缉0.6cm，两线间隔0.5cm，完成双明迹线的缝制，如图4-3-60、图4-3-61所示。

图4-3-60　翻正登闩　　　　　　　　　　　图4-3-61　登闩压明线

（3）做襻与装襻。沿襻的净样线扣烫襻条，沿净样线缝制一圈，适当修剪缝头，翻正翻足，尖角处可用锥子等工具挑出尖角，如图4-3-62所示。在底边襻位画定位线，将襻反面朝上放在登闩襻位处缝制固定，翻转压线0.5cm，起止来回针固定牢，如图4-3-63、图4-3-64所示。

图4-3-62　扣烫登闩襻　　　　　图4-3-63　缝制登闩襻　　　　　图4-3-64　装登闩襻

10. 锁眼、钉扣

男式牛仔上衣全部缝制工艺完成后需在袖衩等有止口的地方加固打枣。在袋口、门里襟、袖头、衹的指定位置进行定位，然后完成锁眼与钉扣作业，如图4-3-65、图4-3-66所示。

图4-3-65　钉纽、锁眼位　　　　　　　　图4-3-66　锁眼

11. 整烫与后整理工艺

将男式牛仔上衣展开放平整，运用蒸汽熨斗将各部位熨烫平整。注意温度适宜，无焦黄、无极光、无水花、无污渍等，如图4-3-67~图4-3-69所示。

图4-3-67　熨烫肩袖缝　　　　图4-3-68　熨烫前衣身　　　　图4-3-69　熨烫缝头

12. 成品

男式牛仔上衣制作完成。

◎ 巩固训练

1. 写出企业生产男式牛仔上衣的工艺流程。

2. 根据表4-3-1制作一件M码的男式牛仔上衣样衣。

◎ 任务要求与任务评价（表4-3-3）

表4-3-3　男式牛仔上衣缝制任务评价表

序号	内容	标准与分值	自评	互评	师评	企业或客户评	备注
1	规格	符合成品规格尺寸（10分）					
2	前后衣片	前后衣片缝线顺直，衣身平整无线头、无毛漏，各拼接部位对接缝吻合不错位，肩装饰条左右对称，压线顺直（10分）					
3	单嵌线袋	贴袋盖窝势均匀，左右对称，口袋缝线平顺。开袋整齐美观，无毛漏断线。嵌条宽窄一致，袋位准确（15分）					
4	门襟、里襟	门襟、里襟长短一致，丝绺正确，左右宽窄对齐，线条顺直平服（10分）					
5	衣领	衣领平服不起皱，缝线要顺直，领角有窝势不反翘，领底不返吐，领底线迹无漏缝断线，缝线松紧合适牢固（10分）					
6	袖子袖头	袖子安装正确，左右缝线顺直流畅不起皱，袖山松量合适。袖衩无毛漏，打枣位正确牢固，袖头纱向正确，缝制方法正确，线迹平顺无毛漏，袖头窝势自然，袖底不返吐（10分）					
7	登闩	登闩丝绺正确，左右宽窄一致，线条顺直，底边平服，线迹无毛漏（10分）					
8	拷边	拷边线顺直流畅，拷边线迹区分正反面，线迹无断线剪切无毛漏（5分）					
9	车缝线	线迹牢固、面底线松紧适宜，无跳线、串珠、起涟，面线无驳线。针距1英寸8针，及骨1英寸11针，线迹宽一致（10分）					
10	整洁牢固与后整理	成衣干净整洁无污渍，整烫无焦黄极光、无水花，正反线头清剪干净（10分）					
		合计					

◎ 知识拓展　牛仔外套前胸挖袋缝制工艺

1. 成品款式

牛仔外套前胸挖袋如图4-3-70所示。

图4-3-70　牛仔外套前胸挖袋

2. 制作规格（表4-3-4）

表4-3-4　制作规格　　　　　　　　　　　　　　　　单位：cm

部件	袋盖高	袋盖宽	袋深	挖袋口宽	挖袋口深
规格	7.5	14	15.5	12.5	1.5

3. 材料准备

担干×1，袋布×1，袋盖×2，前中片×1，前中侧片×1，前侧片×1。

4. 工艺流程

核对前胸挖袋纸样→缝合前中片、前中侧片、前侧片→缝合袋盖→缝合袋贴→缝合袋布→缝合担干→正面压明线。

5. 缝制方法与步骤

（1）核对前胸挖袋纸样。根据款式要求做出相应的纸样，并将相对重要部件的尺寸标注在纸样上（图4-3-71）。

（2）缝合前中片与前侧片。将前中片与前侧片正面与正面叠合，沿分割缝绲1.25cm缝份，然后拷边（图4-3-72）。

（3）压绲衣片明止口。将衣片分割缝的缝份分别向前侧片和前门襟片坐倒，沿着前中片绲0.1cm+0.6cm明止口（图4-3-73）。

（4）缝制袋口。将袋贴与前片袋口对齐，缝1cm缝份，然后将袋口转角位置打剪口，注意剪口不能剪断绲线，也不能离转角太远（图4-3-74）。

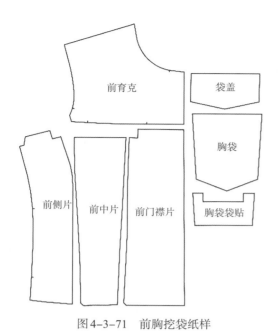

图 4-3-71 前胸挖袋纸样

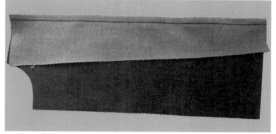

图 4-3-72 缝合前中片与前侧片

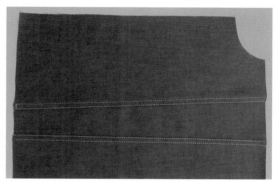

图 4-3-73 压缉衣片明止口

图 4-3-74 缝制袋口

（5）缉袋口。将袋贴翻转到衣片反面，熨烫平整，然后沿着袋口缉 0.2cm 明止口（图 4-3-75）。

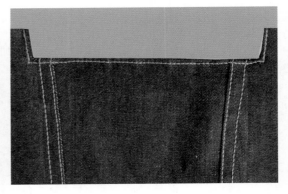

图4-3-75 缉袋口

（6）装袋布。在衣片上画出袋位，然后将四周拷边的袋布正面与衣片反面叠合，沿着袋位缉线（图4-3-76）。

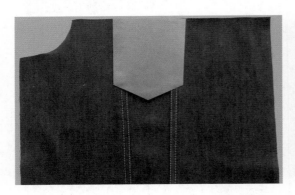
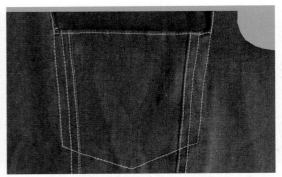

图4-3-76 ·装袋布

（7）缝制袋盖。将袋盖面先画净样线，然后与带盖里正面叠合，沿侧边与底边缝1cm缝份，然后将缝份修剪成0.5cm后，翻至正面，沿袋盖外口压0.1cm+0.6cm明止口（图4-3-77）。

图4-3-77 缝制袋盖

（8）缉袋盖明线。将袋布贴于袋口部位，按开口对齐。正面压明线固定袋布及做出挖袋造型（图4-3-78）。

（9）固定袋盖。将袋盖定位在衣片上，缉0.5cm缝份（图4-3-79）。

图4-3-78　缉袋盖明线

图4-3-79　固定袋盖

（10）缝合前育克与衣片。将前育克与衣身正面叠合，缝份对齐，沿着分隔缝缉1.25cm缝份，然后拷边，再将缝份倒向前育克，缉0.1cm+0.6cm双明线（图4-3-80）。

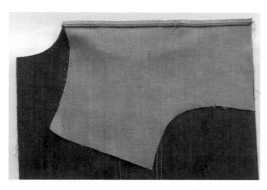

图4-3-80　缝合前育克与衣片

（11）完成挖袋。

参考文献：

［1］吴洪庆，林少品．服装缝制工艺［M］．2版．上海：东华大学出版社，2019.

［2］余岚．服装裁剪与制作［M］．2版．北京：中国劳动社会保障出版社，2016.

［3］闵悦．服装缝制工艺学［M］．2版．北京：北京理工大学出版社，2014.

相关书目推荐

配套数字资源

《牛仔服装设计实训教程》

　　采用常用的平面绘图软件——CorelDRAW 4X展开教学。本书侧重牛仔服装设计方向，通过企业工作岗位实例分析、结合市场常见面辅料、配件和款式进行设计。

配套数字资源

《服装生产基础实训教程》

　　本书结合服装企业实际生产情况，详细介绍服装生产基础知识及服装企业生产和信息化方面内容，包括服装面辅料、生产设备、服装专业基本术语等。

配套数字资源

《服装立体造型实训教程》

　　本书以企业订单项目成衣立体造型为契机，将品牌廓形及企业订单项目成衣款式造型手法应用在实践教学当中。详细讲解服装款式结构变化与纸样处理方法与技巧、款式立体造型方法。

配套数字资源

《服装制作工艺实训教程》

　　通过企业工作岗位实例分析，全面分析裙装、裤装、衬衫、四开身上衣、西服、中式服装典型部件等制作工艺，并根据本书的重难点录制了与任务配套制作视频约30个。